AF465734

BROVILLON PROIECT D'VNE ATTEINTE AVX euenemens des rencontres du Cone auec vn Plan, Par L. S. G. D. L.

L ne sera pas malaisé de faire icy la distinction necessaire d'entre les impositions de nom, autrement definitions, les propositions, les demonstrations, quand elles sont en suitte. Et les autres especes de discours non plus que de choisir entre les figures celle qui à raport au periode qu'on lit, ou de faire ces figures sur le discours. *Noms imposez.*

Chacun pensera ce qui luy semblera conuenable ou de ce qui est icy deduit, ou de la maniere de le déduire, & verra que la raison essaye à cognoistre des quantitez infinies d'vne part: ensemble de celles qui s'apetissent iusques à reduire leurs deux extremitez opposées en vne seule, & que l'entendement s'y pert, non seulement à cause de leurs imaginables grandeur & petitesse, mais encore à cause que le raisonnement ordinaire le conduit à en conclure des proprietez, d'où il est incapable de comprendre comment, c'est qu'elles sont.

Icy toute ligne droicte est entenduë alongée au besoin à l'infiny d'vne part & d'autre.

Vn semblable alongement à distance infinie d'vne part & d'autre en vne droicte, est icy representé par vne rangée de poincts alignez d'vne part & d'autre en suitte de cette droicte.

Pour donner a entendre de plusieurs lignes droictes, qu'elles sont toutes entre-elles où bien paralelles, où bien inclinées à mesme poinct. Il est icy dict, que toutes ces droictes sont d'vne mesme *ordonnance* entre elles, par où l'on conceura de ces plusieurs droictes, qu'en l'vne aussi bien qu'en l'autre de ces deux especes de position elles tendent toutes à vn mesme endroict. *Ordonnance de lignes droictes.*

L'endroict auquel on conçoit que tendent ainsi plusieurs droictes en l'vne aussi bien qu'en l'autre de ces deux especes de position, est icy nommé, *but*, de l'ordonnance de ces droictes. *But, d'vne ordonnance de droictes.*

Pour donner à entendre l'espece de position d'entre plusieurs droictes en laquelle elles sont toutes paralelles entre elles, il est icy dict, que toutes ces droictes sont entre elles d'vne mesme ordonnance, dont le but est à distance infinie en chacune d'elles d'vne part & d'autre.

Pour donner à entendre l'espece de position d'entre plusieurs droictes, en laquelle elles sont toutes inclinées à vn mesme poinct, il est icy dict, que toutes ces droictes sont entre elles d'vne mesme ordonnance, dont le but est à distance finie en chacune d'elles.

Ainsi deux quelconques droictes en vn mesme Plan, sont entre elles d'vne mesme ordonnance, dont le but est à distance ou finie, ou infinie.

Icy tout Plan est entendu pareillement étendu de toutes parts à l'infiny.

Vne semblable étenduë d'vn Plan à l'infini de toutes parts, est icy representé par vn nombre de poincts semez de toutes parts aux extremitez du Plan.

Pour donner à entendre de plusieurs Plans, qu'ils sont tous entre eux ou bien paralels, ou bien inclinez à vne mesme droicte, il est icy dict, que tous ces Plans sont entre eux d'vne mesme, *ordonnance*, par où l'on conceuera de ces plusieurs Plans qu'en l'vne aussi bien qu'en l'autre de ces deux especes de position, ils tendent tous à vn mesme endroit. *Ordonnance de Plans.*

L'endroit auquel on conçoit que tendent ainsi plusieurs Plans en l'vne aussi bien qu'en l'autre de ces deux especes de position, est icy nommé, *but*, de l'ordonnance de ces Plans. *But, d'vne ordonnance de Plans.*

Pour donner à entendre l'espece de position d'entre plusieurs Plans, en laquelle ils sont tous parallels entre eux, il est icy dit que tous ces Plancs sont entre eux d'vne mesme *ordonnance*, dont le but est en chacun d'eux à distance infinie de toutes parts.

Pour donner à entendre l'espece de position d'entre plusieurs Plans en laquelle ils sont tous inclinez à vne mesme droicte, il est icy dit que tous ces Plans sont entre eux d'vne mesme ordonnance, dont le but est en chacun d'eux à distance finie.

Ainsi deux quelconques Plancs sont entre eux d'vne mesme ordonnance, dont le but est en chacun d'eux à distance ou finie ou infinie.

En conceuant qu'vne droicte infinie ayant vn poinct immobile se meut en toute sa longueur, on void qu'aux diuerses places qu'elle prend en ce mouuement, elle donne ou represente comme diuerses droictes d'vne mesme ordonnance entre elles, dont le but est son poinct immobile.

Quand le poinct immobile de cette droicte y est à distance finie, & qu'elle se meut en vn Plan, on void qu'aux diuerses places qu'elle prend en ce mouuement elle donne ou represente comme diuerses droictes d'vne mesme ordonnance entre elles, dont le but (son poinct immobile) est en chacune d'elles à distance finie, & que tout autre poinct que l'immobile de cette droicte va traceant vne ligne simple vniforme, & dont les deux quelconques parties sont d'vne mesme

A

[illegible]ms imposez.

conformation,&conuiennent entre elles; c'est à dire, courbée en pleine rondeur autrement la circulaire tousiours égallement éloignée du poinct immobile.

Quand le poinct immobile de cette droicte y est à distance infinie, & qu'elle se meut en vn Plan, on void qu'aux diuerses places qu'elle prend en son mouuement, elle donne ou represente comme diuerses droictes d'vne mesme ordonnance entre elles, dont le but (son poinct immobile) est en chacunes d'elles à distance infinie d'vne & d'autre part,& que tout autre poinct que l'immobile de cette droicte va traceant vne ligne simple vniforme, & dont les deux quelconques parties sont d'vne mesme conformation, tousiours égallement éloignée du poinct immobile, & conuiennent entre elles, assauoir vne ligne droicte & perpendiculaire à celle qui se meut. Et suiuant la poincte de cette conception, finalement on y void comme vne espece de raport entre la ligne droicte infinie, qui est perpendiculaire à plusieurs autres diuerses droictes, & la ligne courbée d'vne courbure vniforme & qui est tousiours également éloignée du but de plusieurs droictes d'vne mesme ordonnance à distance finie; c'est à dire, le rapport de la ligne droicte infinie auec la circulaire en sa pleine rondeur, en façon qu'elles parroissent estre deux especes d'vn mesme genre, dont on peut énoncer le tracement en mesme parolles.

Tronc.

Quand à diuers poincts d'vne droicte passent indifferemment diuerses autres droictes, cette droicte en laquelle sont les poincts est icy nommée *Tronc*.

Nœuds.

Les poincts de ce tronc auquel passent ainsi d'autres droictes y sont nommez *Nœuds*.

Rameau.

Là quelconque autre droicte qui passe à vn de ces nœuds est à l'égard du tronc nommé *Rameau*.

Rameaux droicts.

Quand deux rameaux sont paralels entre eux ils y sont nommez *Rameaux droicts*.

Rameau desployé au trõc.

Quand vn rameau coupe le tronc ou s'escarte du tronc, il est icy nommé *Rameau desployé au tronc*.

Rameau plié au tronc.

Vne quelconque piece ou segment du tronc contenuë entre deux quelconque nœuds du mesme tronc est icy nommé *Rameau plié*, au tronc.

Brin de Rameau.

Chaque piece ou segment d'vn rameau contenuë entre son nœud & quelque autre rameau de son nœud, est icy nommé *Brin* de ce rameau.

Quand en vne droicte A F H, vn poinct A, est commun à chacune des deux pieces A F, A D, où bien ces deux pieces sont placées separément, l'vne A F, d'vne part, & l'autre A D, de l'autre part de leur poinct commun A, qui par ce moyen est entre elles deux, où bien elles sont placées toutes deux conjoinctement d'vne mesme part de leur poinct commun A, qui par ce moyen n'est pas entre elles deux.

Poinct cõmun Engagé.

Pour donner à entendre l'espece de position de leur poinct commun au regard d'elles quand il est entre elles deux, il est icy dit que leur poinct commun A, est *Engagé* entre elles deux.

Poinct cõmun desgagé.

Pour donner à entendre l'espece de position de leur poinct commun, au regard d'elles, quand il n'est pas entre elles deux, il est icy dit que leur poinct commun A, est *desgagé* d'entre elles deux.

Quand en vne droicte D F, il y a deux couples de poincts C G, D F, où bien l'vn des poincts C, de l'vne des couples C G, est placé entre les deux poincts de l'autre couple D F, & l'autre poinct G, de la mesme couple C G, est hors d'entre les deux mesmes deux poincts de l'autre couple D F. où bien les deux poincts d'vne mesme couple C G, sont de mesme tous deux, ou entre ou hors d'entre les deux poincts de l'autre couple D F.

Poincts d'vne couple meslez *aux poincts d'vne autre couple.*

Pour donner à entendre l'espece de position des poincts d'vne de ces deux couples au regard des poincts de l'autre couple, quand l'vn des poincts d'vne couple C, est entre, & que son accouplé G, est hors d'entre les poincts de l'autre couple, il est icy dit, que les poincts de l'vne des couples sont meslez aux poincts de l'autre couple.

Poincts d'vne couple démelez *aux poincts d'vne autre couple.*

Pour donner à entendre l'espece de position des poincts d'vne de ces deux couples, au regard des poincts de l'autre couple, quand les poincts d'vne couple sont tous deux semblablement ou entre, ou hors d'entre les poincts de l'autre couple, il est icy dit, que les poincts d'vne couple sont *démeslez* aux poincts de l'autre couple.

Borne.

Quand en vn Plan quatre poincts ne sont pas tous en vne mesme droicte, chaque de ces poincts est à l'égard des autres icy nommé *Borne*.

Bornale droicte.

Chaque droicte qui passe à deux quelconques de ces quatre bornes est, à l'égard de ces poincts, icy nommée *Bornale droicte*.

Couple de Bornales droictes.

Les deux droictes qui passent l'vne aux deux, & l'autre aux deux autres de quatre bornes, sont couplées entre elles & nommées couple de *Bornales droictes*.

Chaque bornale droicte peut à l'occasion estre vn tronc.

Proposition comprenant les 5. & 6. du second des Elemens d'Euclides.

Proposition comprenant les 9. & 10. du 2. des Elemens d'Euclides.

Proposition comprenant les 35. & 36. du 3. des Elemens d'Euclides.

Quand en vn mesme Plan, à trois poincts, comme nœuds, d'vne droicte, comme tronc, passent trois quelconques rameaux déployez à ce tronc, les deux brins de quelconque de ces rameaux contenus entre leur nœud ou tronc, & chacun des autres deux rameaux sont entre eux en raison mesme que la composée des raisons d'entre les deux pareils brins de chacun de ces autres deux rameaux conuenablement ordonnez. Enoncée autrement en Ptolomée.

Noms [illegible] *sez.*

Quand en vne droicte A H, il y a vn poinct A, commun & semblablement engagé ou dégagé aux deux pieces de chacune de trois couples, A B, A H, AC, A G, A D, A F, dont les trois rectangles sont égaux entre eux, vne telle condition en vne droicte est icy nommée *Arbre*, dont la droicte mesme est *Tronc*.

Arbre.

Tronc.

Le poinct comme A, ainsi commun à chacune de ces six pieces A B, AH, A C, AG, A D, A F, y est nommé *Souche*.

Souche.

Chacune des mesmes six pieces A B, AH, A C, AG, A D, A F, y est nommée *Branche*.

Branche.

Quand les deux branches qui contiennent vn de ces trois rectangles sont égales entre elles, elles y sont nommées *Branches moyennes*.

Branches moyennes.

Les deux branches comme A G, A C, ou A F, A D, ou A H, A B, dont le rectangle est égal à chacun des autres deux rectangles, y sont nommées *Branches couplées entre elles*.

Branches couplées.

Chacun des bouts separez B C D F G H, des branches de chacune des trois couples A B, AH, A C, A G, A D, A F, y est nommé *Nœud*.

Nœud.

Voila comme les nœuds de l'arbre sont dispersez au long du tronc.

Les nœuds des branches moyennes y sont nommez *Nœuds moyens*.

Nœuds moyens.

Les deux nœuds comme G, & C, que donnent au tronc de l'arbre les deux branches d'vne quelconque mesme couple A G, A C, y sont nommez *Nœuds couplez entre eux*.

Nœuds couplez entr'eux.

Chaque piece du mesme arbre, comme la piece GF, contenuë entre vn quelconque des nœuds G, d'vne quelconque couple G C, & vn autre quelconque nœud F, d'vne autre quelconque des autres couples D F, y est nommé *Brin de rameau plié au tronc*.

Brin de rameau plié à son tronc.

Voila comme vn semblable brin de rameau se trouue estre ou la somme, ou la difference d'entre deux branches de deux couples diuerses.

Deux brins de rameaux pliez au tronc comme G D, G F, qu'vne quelconque branche A G, porte d'vne part noüez ensemble à son nœud G, & qui d'autre part aboutissent l'vn à vn, l'autre à l'autre des deux nœuds D F, d'vne quelconque autre couple de branches AD, AF, y sont nommez *Brins de rameaux couplez entre eux*.

Brins de rameaux accouplez entre eux.

La couple de brins de rameaux comme C D, C F, que la branche A C, couplée de la branche A G, porte d'vne part noüez ensemble à son nœud C, & qui d'autre part aboutissent l'vn à vn, l'autre à l'autre des deux mesmes nœuds D F, ausquels aboutissent aussi les deux brins, de la couple G D, G F, y est nommée *Couple de brins relatiue à la couple aussi de brins G D, GF*.

Couple de brins relatiue à vne autre couple aussi de brins.

Deux couples de brins, comme les deux couples G D, G F, & C D, C F, dont chacune, des deux branches couplées entre elles A G, A C, porte vne couple à son nœud, & qui dailleurs aboutissent à chacun des deux nœuds, d'vne quelconque des autres couples D F, y sont nommez *Couples de brins relatiues entre elles*.

Couples de brins relatiues entre elles.

Les deux rectangles de chacune de deux couples de brins relatiues entre elles, comme les rectangles des brins de la couple GD, GF, & des brins de la couple CD, C F, y sont nommez *Rectangles relatifs entre eux*.

Rectangles relatifs entre eux.

Deux couples diuerses de brins, comme G D, GF, G B, G H, qu'vne mesme branche A G, porte noüées ensemble à son nœud G, & qui dailleurs aboutissent à deux couples diuerses d'autres nœuds D F, B H, y sont nommez *Couples de brins gemelles entre elles*.

Couples de brins gemelles entre elles

Les deux rectangles de deux couples gemelles de brins, comme de la couple GD, G F, & de la couple G B, G H, y sont nommez *Rectangles gemeaux entre eux*.

Rectangles gemeaux entre eux.

Quand en vn arbre A H, la souche A, se trouue engagée entre les deux branches de la quelconque des couples A C, A G, la mesme souche A, se trouue de mesme euidemment engagée entre les deux nœuds de chacune des couples C G, B H, & les deux nœuds de chacune des couples C G, se trouuent meslez euidemment aux deux nœuds de chacune des autres deux couples D F, B H. 2

Et par contre, quand en vn arbre A H, les deux nœuds d'vne quelconque des couples CG, sont meslez aux deux nœuds d'vne quelconque des autres couples D F, aussi la souche A, se trouue engagée entre les deux branches de chacune des couples A C, AG, AB, AH, A D, AF, & entre les deux nœuds de chacune des couples C G, D F, B H.

Quand en vn arbre A H, la souche A, se trouue degagée d'entre les deux branches de chacune des couples AC, A G, A F, A D, AB, A H, la mesme souche A, se trouue euidemment aussi degagée d'entre les deux nœuds de chacune des couples C G, D F, BH, & les deux nœuds de chacune des couples C G, D F, B H, se trouuent euidemment aussi démeslez des deux nœuds de chacune des autres couples.

Et par contre, quand en vn arbre les deux nœuds de la quelconque des couples C G, se trouuent

Noms imposez. desmeslez des deux nœuds de chacune des autres couples D F, aussi la souche A, se trouue degagée d'entre les deux nœuds & les deux branches de chacune des couples.

Desquelles choses suit euidemment qu'estant donnée en vn arbre H B, l'espece d'vne seule de toutes ces positions de souche, de branches, & de nœuds, au regard l'vn de l'autre, l'espece est aussi donnée de chacune des autres positions d'entre le surplus des mesmes choses.

Et generalement en chacune de ces deux especes de conformation d'arbre.

Comme la quelconque des branches A G, est à son accouplée A C, ainsi le rectangle d'vne quelconque des couples de Brins G D, G F, que porte cette quelconque branche A G, est à son relatif le rectangle C D, C F.

Car à cause de l'égalité d'entre les rectangles des deux branches de chacune des trois couples A B, AH, A C, AG, A D, A F, les quatre branches A G, A F, A D, A C, sont deux à deux proportionnelles, d'où suit que,

Comme A G, est à A F,
où bien A D, à AC, } ainsi G D, est à C F,

& que,

Comme A F, est à A C,
où bien A G, à A D, } ainsi G F, est à C D,

Consequemment la branche A G, est à son accouplée la branche A C, en raison mesme que la composée des raisons du brin G D, au brin C F, & du brin G F, au brin C D, qui est la raison du rectangle des brins de la couple G D, G F, au rectangle des brins de sa relatiue la couple C D, C F.

D'où suit que le rectangle des brins G B, G H, gemeau du rectangle G D, F G, est à son relatif le rectangle C B, C H, gemeau du rectangle C D, C F, comme le rectangle G D, G F, gemeau de ce rectangle G B, G H, est à son relatif le rectangle C D, C F, gemeau du rectangle C B, C H.

Car de ce qui est demonstré, le rectangle des deux brins de la couple G B, G H, est à son relatif le rectangle C B, C H, comme la branche A G, est à son accouplée A C.

Dauantage il est aussi demonstré que le rectangle des brins G D, G F, est à son relatif le rectangle C D, C F, comme la mesme branche A G, est à sa mesme accouplée A C.

Partant le rectangle des brins G B, G H, gemeau du rectangle G D, G F, est à son relatif le rectangle C B, C H, comme le rectangle G D, G F, est à son relatif le rectangle C D, C F.

D'où suit qu'aussi le rectangle des brins F C, F G, est à son relatif le rectangle D C, D G, comme le rectangle des brins F B, F H, est à son relatif le rectangle des brins D B, D H, sçauoir est comme la branche A F, est à son accouplée A D.

D'où suit aussi que le rectangle des brins H C, H G, est à son relatif le rectangle B C, B G, comme le rectangle des brins H D, H F, est à son relatif le rectangle B D, B F, sçauoir est comme la branche A H, est à son accouplée la branche A B.

Et quand en vne droicte A H, il y a comme cela trois couples de poincts B H, C G, D F, ainsi conditionnées, à sçauoir que les deux poincts de chacune des couples soient de mesme, ou meslez, ou demeslez, aux deux poincts de chacune des autres couples. Et que les rectangles ainsi relatifs des pieces d'entre ces poincts soient entre eux comme leurs gemeaux, pris de mesme ordre, sont entre eux vne telle disposition de ces trois couples de poincts en vne droicte, est icy nommée *Inuolution*. — Inuolution.

C'est à dire, qu'alors qu'il est icy dit, que trois couples cottées de poincts en vne droicte sont disposez en inuolution entre elles; cela veut dire, qu'en cette disposition de ces trois couples de poincts, se trouuent toutes les conditions & proprietez qui viennent d'estre expliquées des nœuds d'vn arbre en chacune des deux especes de conformation, ou que ces trois couples de poincts sont trois couples de nœuds en vn arbre de l'vne des deux especes de conformation expliquées cy deuant.

D'où suit d'abondant que quand en vne droicte, comme AH, quatre pieces comme AG, AL, AD, AC, de deux couples A G, A C, A L, A D, ne sont pas deux à deux proportionnelles, ou que les rectangles ne sont pas égaux entre eux, des deux pieces de chacune de ces deux couples A G, A C, A D, A L, quoy que leur bout commun A, soit de mesme engagé ou degagé aux deux pieces de chacune de ces deux couples A G, A C, A D, A L, la quelconque de ces pieces A G, n'est pas à son accouplée A C, comme le rectangle G D, G L, est à son relatif le rectangle C D, C L, & la conformation d'vn arbre ny est point.

Car puis que ces quatre pieces A G, A L, A D, A C, ne sont pas proportionnelles entre elles, aussi les rectangles ne sont pas égaux entre eux de chacune des couples de pieces A L, A D, A G, A C.

Soit donc prise la droicte A F, pour couplée à la droicte quelconque d'elles A D, en façon que les rectangles soient égaux entre eux de chacune des couples de pieces A G, AC, A F, A D, cette piece ainsi prise A F, est inégale à la piece AL, & le poinct F, est separé du poinct L, partant il n'y a pas mesme raison de la piece F C, à la piece F G, que de la piece LC, à la piece L G. Noms impo-sez.

Ainsi la raison de la piece A G, à son accouplée A C, qui est la raison du rectangle des pieces G D, G F, au rectangle des pieces C D, C F, n'est pas la mesme raison que du rectangle des pieces GD, G L, au rectangle des pieces C D, CL, & partant sinon que les quatre pieces AG, AF, AD, AC, des deux couples comme AC, AG, AF, AD, soient deux à deux proportionnelles, elles ne constituent pas vn arbre des especes de conformation expliquée cy-deuant. Et la quelconque des pieces AG, n'est pas à son accouplée AC, comme le rectangle des deux pieces GD, G L, est au rectangle des pieces C D, CL, comme necessairement il aduient quand ces quatre pieces sont proportionnelles entre elles.

D'où suit qu'estans donnez de position deux couples quelconques de nœuds GC, DF, en vn arbre AH, la souche A, de mesme est donnée de position, & cela reuient à ce que la somme ou la difference & la raison d'entre deux quantitez estans données, chacune de ces deux quantitez est donnée de grandeur.

Car ayant premierement engagé ou dégagé cette souche A, d'entre les nœuds de chacune de ces deux couples G C, D F, selon que les nœuds d'vne des couples sont, ou meslez ou demeslez aux nœuds de l'autre couple.

Puis fait la branche AG, à son adioincte la branche A F, ou bien la branche A D, à son adioincte la branche AC, comme le brin G D, est à son semblable le brin F C.

De là suit que la branche AD, est à la branche AC, comme la branche A G, est à la branche AF, consequemment les rectangles sont égaux entre eux des branches de chacune des deux couples AG, AC, mitoyennes AF, AD, extrémes.

Partant la quelconque de ces branches A G, est à son accouplée A C, comme le rectangle des brins G F, GD, est à son relatif le rectangle CD, C F, doncques A, est la souche de l'arbre dont GC, & DF, sont deux couples de nœuds.

Où bien encore ayant puis fait la branche AF, à son adjoincte la branche A C, ou bien la branche AG, à son adioincte la branche A D, comme le brin G F, est à son semblable le brin C D, suit que la branche AG, est à la branche AF, comme la branche A D, est à la branche AC, consequemment entre les rectangles sont égaux entre eux des branches de chacune des deux couples A G, AC, AF, AD, consequemment la quelconque de ces branches A G, est à son accouplée la branche AC, comme le rectangle des brins G D, G F, est à son relatif le rectangle CD, CF, donc A, est la souche de l'arbre dont G C, & D F, sont des couples de nœuds.

Et en passant, puis que les semblables massifs ou solides compris de faces, flancs, ou costez, opposez, plats, & paralels, sont entre eux en raison mesme que la composée de la raison d'entre leurs bases, & de la raison d'entre leurs hauteurs, il suit de ce qui est demonstré que le massif ou solide de la quelconque de ces branches G A, en chacun des brins couplez GD, GF, est au semblable massif ou solide de son accouplée la branche AC, en chacun des brins couplez C D, C F, relatifs à la couple GD, G F, en raison doublée de cette quelconque branche A G, à cette son accouplée la branche AC, & ce qui s'en peut dauantage déduire.

De ce que deuant, il est encore euident qu'en l'espece de conformation d'arbre où la souche est engagée entre les deux branches ou nœuds de la quelconque des couples, les deux nœuds moyens qu'y donne vne couple de branches moyennes y sont separez l'vn de l'autre, & qu'ainsi chacun d'eux est seul, & pour cette raison il est icy nommé *Nœud moyen simple.* Nœud moyẽ simple.

Et quand en cette espece d'arbre il y a deux couples de ces branches moyennes lesquelles donnent chacune vne couple de nœuds moyens simples, chacun des nœuds moyens simples de la quelconque de ces deux couples, se trouue vny auec vn des nœuds aussi moyen & simple de l'autre couple ; & pour cette raison il y aura deux cottes diuerses auprès du quelconque de ces nœuds moyens simples.

Mais pour des considerations ce cas de deux couples de branches moyennes auec vne troisiéme couple de branches extremes en vn arbre de l'espece où la souche est engagée entre les branches d'vne couple, ne sera pas encore icy compris aux euenemens qui constituent vne inuolution de trois couples de nœuds entre elles, aussi bien y a il d'ailleurs beaucoup à reuoir, adiouster, expliquer, ordonner, transposer, retrancher, augmenter, & nettoyer mieux en ce Broüillon project.

Mais quand en vn arbre la souche se trouue dégagée d'entre les deux branches ou deux nœuds de la quelconque des couples, les deux nœuds moyens que donnent vne couple de branches moyennes sont vnis ensemble à vn mesme poinct ou nœud, qui pour cette raison est icy nommé *Nœud moyen double*, & peut au besoin estre cotté d'vne seule cotte entenduë redoublée ou prise deux fois. Nœud moyẽ double.

Et quand en cette espece d'arbre il y a deux couples de ces branches moyennes chacune d'elles

Noms impo-sez. y donne vn de ces nœuds moyens doubles, l'vn d'vne part, l'autre de l'autre part de la souche.

Et en cette espece de conformation d'arbre où la souche est dégagée d'entre les branches d'vne couple, ce cas de deux couples de branches moyennes auec vne troisiesme couple de branches extrémes, est icy compris entre les euenemens qui constituent vne inuolution de trois couples de nœuds entre elles, ou chacun des deux nœuds moyens doubles est consideré comme vne couple de nœuds vnis en vn poinct.

Nœuds extrémes. Or en l'vne & l'autre espece de conformation d'arbre, les deux nœuds que donnent les deux branches extrémes d'vne mesme couple, y sont nommez *Nœuds extrémes.*

Des deux nœuds extrémes d'vne couple BH, l'vn B, est autour de la souche entre deux nœuds moyens simples ou doubles, & l'autre de ces nœuds extrémes H, de la mesme couple, est hors d'entre les mesmes nœuds moyens, simples ou doubles.

Nœud extréme interieur. Celuy des nœuds extrémes B, d'vne couple BH, qui est entre les nœuds moyens, simples ou doubles de l'arbre, est icy nommé, *Nœud extréme interieur.*

Nœud extréme exterieur. Celuy des nœuds extrémes H, d'vne couple BH, qui est hors d'entre les nœuds moyens, simples, ou doubles de l'arbre, est icy nommé, *Nœud extréme exterieur.*

En chacune des deux especes de conformation d'arbre, d'autant que la petite d'vne couple de branches extrémes est plus courte qu'vne des branches moyennes, d'autant la grande de cette couple de branches extrémes est à proportion plus longue que la mesme branche moyenne : Et au rebours :

Où bien, d'autant plus que le nœud interieur B, d'vne couple de nœuds extrémes BH, est proche de la souche A, d'autant plus le nœud exterieur H, de la mesme couple de nœuds extrémes BH, est éloigné de la mesme souche A. Et au rebours.

Ainsi pendant que le nœud interieur B, d'vne couple d'extrémes, est des-joint ou bien des vny à la souche de l'arbre, le nœud exterieur de la mesme couple est au tronc à distance finie : Et au rebours.

Et quand le nœud interieur d'vne couple d'extrémes est joint ou bien vny à la souche de l'arbre le nœud exterieur de la mesme couple est au tronc à distance infinie : Et au rebours.

Voila comme en vn arbre la souche, & le tronc depuis la mesme souche iusque à l'infiny d'vne ou d'autre part d'elle, y sont entre eux vne couple de branches extrémes, dont la petite est à petissée iusques à la souche, & la grande est alongée à l'infiny.

Voila de plus comme la mesme souche & la distance infinie sont encore en l'arbre vne couple de nœuds extrémes, dont la souche est l'interieur, & la distance infinie est l'exterieur, & qui auec deux quelconques autres diuerses couples de branches constituent vne inuolution.

Or l'éuenement de semblables especes de conformation d'arbre est frequent aux figures qui viennent de la rencontre d'vn Cone auec des Plans en certaine disposition entre eux.

Et en l'espece de conformation d'arbre où la souche A, se trouue engagée entre les deux branches d'vne couple AC, AG, lors qu'il s'y rencontre deux couples de branches moyennes AG, AC, AF, AD, & que le quelconque des nœuds moyens simples G, d'vne couple CG, est vny à vn des nœuds moyens simples D, de l'autre couple DF, en ce cas il y a nombre de proprietez particulieres : car,

Puis que les rectangles sont égaux entre eux de chacune des trois couples de branches, assauoir des deux couples de moyennes AF, AD, AC, AG, & de la couple d'extrémes AB, AH, c'est à dire, que les trois couples de nœuds, deux de moyens simples DF, & CG, & vne d'extréme BH, sont disposées entre elles comme en inuolution. Il est premierement éuident que chacune de ces branches moyennes est égale à chacune des trois autres, & est moyenne proportionnelle aux deux branches d'vne quelconque couple d'extrémes AB, AH.

Dauantage, comme le rectangle des brins GD, GF, est à son relatif le rectangle CD, CF, ainsi le rectangle des brins GB, GH, gemeau du rectangle GD, GF, est à son relatif le rectangle CB, CH, gemeau du rectangle CD, CF.

Et en changeant le rectangle GD, GF, est à son gemeau le rectangle GB, GH, comme le rectangle CD, CF, relatif du rectangle GD, GF, est à son gemeau le rectangle CB, CH.

Or il est éuident qu'en ce cas le rectangle des brins GD, GF, est égal au rectangle des brins CD, CF, partant aussi le rectangle des brins GB, GH, est égal au rectangle des brins CB, CH.

Ce qui d'ailleurs est encore éuident, car de l'hypotese, & de ce qui est icy demonstré, suit que le brin CH, est à son semblable le brin BG, comme le brin GH, est à son semblable le brin BC, partant le rectangle des deux brins mitoyens GB, GH, est égal au rectangle des deux brins extrémes CB, CH.

Où bien encore comme la branche AG, est à son accouplée AC, ainsi le rectangle des brins GB, GH, est à son relatif le rectangle CB, CH, Donc la branche AG, estant égale à son accouplée A C, le rectangle G B, G H, est égal à son relatif le rectangle C B, C H. Ce qui est incomprehensible quand le nœud interieur B, de la couple des extrémes B H, se trouue vny à la souche A, & que le nœud exterieur H, de la mesme couple d'extrémes est à distance infinie.

Nombres impa-sez.

De maniere qu'en ce cas il aduient que trois couples de nœuds D F, C G, B H, sont reduites à ne donner que deux couples de poincts, au tronc desquels vne couple B H, est de nœuds extrémes, & chacun des poincts de l'autre couple represente deux nœuds moyens simples de deux diuerses couples.

Et ces deux couples de poincts donnent au tronc trois pieces consecutiues F C, B, B, D G, D G, H, dont la somme F C, H, est à la piece mitoyenne G D, B, comme la piece du bout de la part du nœud extréme exterieur H, assauoir la piece G D, H, est à la piece de l'autre bout de la part du nœud extréme interieur B, c'est assauoir à la piece F C, B.

De façon qu'alors qu'en cette espece de conformation d'arbre ou la souche est engagée, quand il y a deux couples de branches moyennes, & que le nœud extréme interieur est desvny de la souche, ou que le nœud extréme exterieur est à distance finie; C'est à dire, que trois semblables couples de nœuds ny donnent ainsi que deux couples de poincts au tronc, qui donnent trois pieces ainsi consecutiues; en ce cas la piece mitoyenne est inégale à chacune des pieces des bouts, & de la part du nœud extréme exterieur, & de la part du nœud extréme interieur.

Et lors que le nœud extréme interieur est vny à la souche, ou que le nœud extréme exterieur est à distance infinie, en ce cas la piece mitoyenne de ces trois consecutiues est égale à celle des pieces du bout qui est de la part du nœud extréme interieur.

Il y a nombre d'autres proprietez particulieres à ce cas de cette espece de conformation d'arbre, où chacun peut s'égayer à sa fantaisie, mais il n'est pas encore icy du nombre de ceux qui constituent vne inuolution: Et partant,

Touchant l'autre espece de conformation d'arbre où la souche A, se trouue dégagée d'entre les branches d'vne mesme couple.

Quand il y a deux couples de branches moyennes AC, AG, AF, AD, & vne couple de branches extrémes AB, AH, c'est à dire qu'il y a deux couples de nœuds moyens doubles GC DF, & vne couple de nœuds extrémes B H, en l'inuolution, & qui pour trois couples de nœuds donnent au tronc seulement deux couples de poincts, outre ce que cette espece à de commun auec l'autre espece de conformation d'arbre où la souche est engagée, qu'il n'est pas necessaire de redire; Il y a d'autres particulieres proprietez euidentes à l'abord, comme que,

La grande des branches extrémes AH, est à la quelconque des moyennes AG, & la quelconque des branches moyennes AG, est à la petite extréme A B, comme le brin H G, est au brin BG, c'est à dire, en raison moitié de la raison du rectangle des brins HG, HC, à son relatif le rectangle BG, BC.

Et puis que par ce qui est demonstré d'vn arbre le rectangle des brins H F, H D, est à son relatif le rectangle BF, BD, comme le rectangle HG, HC, gemeau du rectangle HF, HD, est à son relatif le rectangle BG. BC, gemeau du rectangle HF, HD, & que les brins BF, B D, sont égaux entre eux, & les brins H F, H D, sont égaux entre eux, & que de mesme les brins HG, HC, sont égaux entre eux, & les brins BG, B C, sont égaux entre eux, suit que le brin HG, est au brin BG, comme le brin HF, est au brin BF.

D'où suit que la grande des branches extrémes A H, est à la quelconque des branches moyennes AG, ou AF, & la quelconque des branches moyennes AG, ou AF, est à la petite des branches extrémes A B, en raison, aussi moitié de la raison du rectangle HF, HD, au rectangle BF, BD, c'est à dire, & comme le brin FH, est au brin FB, & comme le brin GH, est au brin GB, & à l'enuers, changeant & alternement, diuisant, composant, & le reste.

C'est à dire, qu'en cette espece de conformation d'arbre à la souche dégagée, & au cas de deux couples de branches moyennes, auec vne couple quelconque de branches extrémes, ces trois couples de branches-là donnent au tronc soubs quatre poincts FD, B, CG, H, trois pieces consecutiues FD, B, B, CG, CG, H, en façon que celle de l'vn des bouts quelconque H, CG, est à la mitoyenne CG, B, comme la somme des trois ensemble H, FD, est à celle de l'autre bout FD, B, car alternement à l'enuers aussi FD, B, est à B, CG, comme H, FD, est à H, CG, & de suite changeant, diuisant, composant, & ce qui s'en ensuit.

Et dans ce mesme cas est éuidemment compris l'éuenement de deux couples de branches moyennes auec la souche & le tronc depuis elle iusques à l'infiny d'vne part, pour couple de branches extrémes, qui donnent deux nœuds moyens doubles chacun pour vne couple de nœuds moyens. Et la mesme souche auec la distance infinie au tronc pour vne autre troisiesme couple de nœuds extrémes, le tout pour trois couples de nœuds en inuolution au tronc de l'arbre, auquel éuenement il est aisé de discerner les deux nœuds moyens doubles d'auec les deux nœuds de la

Noms imposez.

couple d'extrémes, en ce qu'ordinairement l'vn des nœuds extrémes est entre les deux nœuds moyens doubles, ou qu'vn des nœuds moyens doubles est entre les deux nœuds extrémes, & ce cas d'inuolution est énoncé d'ordinaire en nommant premierement les deux nœuds de la couple d'extrémes en cette maniere; ces deux tels poincts sont couplez entre eux en inuolution auec deux tels autres poincts, ou ces mots, *sont couplez entre eux*, emportent que ces deux poincts ainsi couplez & separez ou desvnis d'ensemble sont vne couple de nœuds extrémes, d'où suit que ny ayant que quatre poincts en ce cas d'inuolution, chacun des deux autres est vn nœud moyen double, & consequemment vn des nœuds extrémes est entre ces deux nœuds moyens doubles, ou bien vn des nœuds moyens doubles est entre les deux nœuds extrémes.

Nœuds correspondans entre eux, *au cas de quatre poincts seulement en inuolution.*

Dauantage les deux nœuds moyens doubles sont icy nommez *Nœuds correspondans entre eux.* & les deux nœuds extrémes y sont aussi nommez *Nœuds correspondans entre eux.*

Par où il est éuident que les trois quelconques des nœuds d'vne semblable inuolution estans nommez & donnez de position, aussi le quatriesme est donné de position comme il apparroistra mieux encore en la suitte.

Et partant pour donner à entendre ce cas d'inuolution, il suffira de dire, que tels quatre poincts sont en inuolution entre eux, ou que deux tels poincts sont couplez en inuolution auec deux tels autres poincts, en nommant les correspondans ensemble par couples.

Où toute la plus grande remarque à faire est, que ce cas d'inuolution en quatre poincts comprend comme deux especes d'vn genre: l'éuenement ou quatre poincts en vne droicte chacun à distance finie y donnent trois pieces consecutiues, dont celle d'vn quelconque des bouts est à la mitoyenne comme la somme des trois est à celle de l'autre bout. Et l'éuenement ou trois poincts en vne droicte, chacun à distance finie, y donnent deux pieces consecutiues égales entre elles, sçauoir est lors qu'vn poinct mypartit l'interualle droicte d'entre deux autres poincts, auquel rencontre ou éuenement le poinct depart, & d'autre duquel sont les pieces de droicte égales entre elles est souche, & dauantage vn nœud extréme couplé à la distance infinie de la mesme droicte en inuolution auec les deux poincts des autres bouts de ces deux pieces égales, qui sont en ce cas chacun vn nœud moyen double en l'inuolution.

Partant à ces mots, *quatre points en inuolution*, on conceura comme de deux especes d'vn mesme genre, l'vn ou l'autre de ces deux éuenemens; assauoir l'vn où quatre poincts en vne droicte chacun à distance finie y donnent trois pieces consecutiues, dont la quelconque extréme est à la mitoyenne comme la somme des trois est à l'autre extréme: L'autre, où trois poincts à distance finie en vne droicte auec vn quatriesme à distance infinie, y donnent de mesme trois pieces, dont la quelconque extréme est à la mitoyenne comme la somme des trois est à l'autre extréme; Ce qui est incomprehensible & semble impliquer à l'abord, en ce que les trois poincts à distance finie donnent en ce cas deux pieces égales entre elles, par où le poinct du milieu se trouue, & souche, & nœud extréme, couplé à la distance infinie.

Partant on obseruera soigneusement qu'vne droicte estant mypartie en vn poinct & entendue alongée à l'infiny, c'est vn des éuenemens de l'inuolution en quatre poincts.

Or en ce mesme cas, d'vne inuolution en quatre poincts H, G, B, F, chacun à distance finie, comme les deux correspondans entre eux FG, sont chacun vn nœud moyen double, & les autres deux aussi correspondans entre eux BH, sont vne couple de nœuds extrémes au tronc d'vn arbre, dont la souche A, mypartit le brin G F,

Semblablement les deux poincts H B, sont chacun vn nœud moyen double, & les deux poincts G F, sont vne couple de nœuds extrémes d'vn arbre, dont la souche L, mypartit le brin B H.

Car puis que B F, est à B G, comme H F, est à H G, c'est à dire, que le rectangle F B, F B, est au rectangle G B, G B, comme le rectangle F H, F H, est au rectangle G H, G H.

Si dauantage on considere les poincts G F, comme vne couple de nœuds extrémes, & chacun des poincts G B, comme vn nœud moyen double.

Alors ces trois couples de nœuds F G, B B, H H, qui sont en inuolution entre eux sont éuidemment démelées entre elles.

Partant ayant dégagé la souche de l'arbre L, d'entre les nœuds de chacune de ces trois couples, elle tombe éuidemment entre les poincts H, & G.

De plus ayant fait que comme le rectangle F B, F B, est au rectangle G B, G B, ou bien comme le rectangle F H, F H, est au rectangle G H, G H, ainsi la branche L F, soit à la branche L G, suiura de ce que dessus, que les rectangles sont égaux entre eux de chacune des trois couples de branches L F, L G, L B, L B, L H, L H, & partant la souche L, mypartit le brin G F, en vn arbre dont L B, L B, L H, L H, sont chacune vne couple de branches moyennes, & L G, L F, vne couple de branches extrémes, & ce qui s'en ensuit.

De façon que quand en vne droicte quatre poincts, chacun à distance finie, constituent vne

inuolution

inuolution, chacun des poincts qui mypartit le brin d'entre chacun des deux correspondans de ces quatre poincts est souche d'vn arbre, de chacun desquels ces quatre poincts sont des couples de nœuds, lesquelles deux semblables souches comme L, & A, d'vne semblable inuolution de quatre poincts, sont icy nommées, *Souches reciproques entre elles.*

Nœus impassez.

Souches reciproques entre elles, *de quatre poincts en inuolution.*

Et laissant desormais vne des cottes à nommer quand il y en a deux pour vn mesme de ces quatre poincts.

De ce qui est dit il suit dauantage, que BF, est à BA, comme BH, à BG, & à l'enuers, alternement, changeant, diuisant, composant, & le reste.

Ainsi les rectangles sont égaux entre eux des deux extrémes BF, BG, & des deux mitoyennes BA, BH, & le nœud extréme B, est *pour souche* aux deux couples de nœuds GF, & AH, ou de branches BF, BG, & BH, BA, partant BF, est à BG, comme le rectangle FA, FH, est au rectangle GA, GH, à sçauoir en la raison mesme que la composée des raisons de AF, à AG, & de HF, à HG, c'est à dire, à cause de l'égalité d'entre les brins FA, GA, en raison de HF, à HG, c'est à dire, en raison moitié de la raison du rectangle HF, HF, au rectangle HG HG, & à l'enuers, alternement, changeant, diuisant, composant, & le reste.

Pour souche.

D'où suit dauantage que HG, est à HB, comme HA, est à HF, ainsi les rectangles sont égaux entre eux des deux extrémes HG, HF, & des deux mitoyennes HB, HA, & le nœud simple extréme H, est *pour souche* aux deux couples de nœuds GF, & BA, ou de branches HG, HF, & HB, HA.

Partant HF, est à HG, comme le rectangle FA, FB, est au rectangle GA, GB, c'est à dire, en raison mesme que la composée des raisons de FA, à GA, & de FB, à GB, c'est à dire à cause de l'égalité d'entre les deux branches AF, AG, comme BF, est à BG, sçauoir est en raison moitié de la raison du rectangle BF, BF, au rectangle BG, BG, & à l'enuers, alternement, changeant, composant, diuisant, & le reste.

D'où suit qu'aussi BF, est à BG, comme le rectangle FA, FB, est au rectangle GA, GB, & que HF, est à HG, comme le rectangle FA, FH, est au rectangle GA, GH, auec ce qui s'en ensuit.

Et que le rectangle FA, FH, est au rectangle GA, GH, comme le rectangle FA, FB, est au rectangle GA, GB, auec ce qui s'en ensuit.

Dauantage BH, est à BA, comme le rectangle HF, HG, est au rectangle des égales entre elles AF, AG, ou son égal le rectangle AG, AG.

Et HA, est à HB, comme le rectangle des égales entre elles AF, AG, ou son égal le rectangle AG, AG, est au rectangle BF, BG.

D'où suit d'abondant que FH, est à FA, ou à son égale AG, comme BF, est à BA, & consequemment comme BH, est à BG.

Ainsi les rectangles sont égaux entre eux des deux extrémes FH, BA, & des deux mitoyennes FA, FB, & des extrémes HF, BG, & des mitoyennes FA, FH.

De plus GA, est à BF, comme HA, est à HF, & partant comme HG, est à HB, ainsi les rectangles sont égaux entre eux des extrémes GA, HF, & des mitoyennes BF, HA, & des extrémes GA, HB, & des moyennes BF, HG.

Dauantage BF, est à BH, comme deux fois FA, qui est FG, est à deux fois GH, & alternement à l'enuers, changeant, diuisant, composant, & le reste.

Dauantage FB, est à FA, comme HB, est à HG. Et partant encore comme HF, est à HA.

Ainsi les rectangles sont égaux entre eux des extrémes FB, HG, & des mitoyennes FA, HB, & des extrémes FB, HA, & des mitoyennes FA, HF, & HB, est à HG, comme FB, est à FA, moitié de FG, & à l'enuers, alternement, changeant, composant, & le reste.

Dauantage le rectangle HB, HB, est au rectangle HB, HA, comme le rectangle BA, BH, ou son égal le rectangle BG, BF, est au rectangle AB, AH, ou à son égal le rectangle AG, AG, ou AF, AF, c'est à dire, comme HB, est à HA, & ce qui s'en déduit.

C'est à dire, que le rectangle BH, BA, ou son égal le rectangle BG, BF, est au rectangle AH, AB, ou à son égal le rectangle AG, AG, ou AF, AF, comme HB, est à HA.

D'où suit que la raison composée des deux raisons de BG, à BA, & de BF, à AH, qui est la raison du rectangle BG, BF, ou son égal BH, BA, au rectangle AH, AB, ou son égal AG, AG, ou AF, AF, est la mesme raison que de HB, à HA.

§ Mais la raison de HB, à HA, est aussi la mesme que du rectangle BG, BF, au rectangle AG, AF, à sçauoir la raison composée des raisons de GB, à GA, & de FB, à FA.

Donc la raison composée des raisons de BG, à BA, & de BF, à AH, est la mesme que la composée des raisons de GB, à GA, & de FB, à FA, à sçauoir la mesme que de HB, à HA.

Qui voudra poursuiure plus auant cette discution, y trouuera bien encore du diuertissement.

Nombres impaires. Dauantage puis que H B, est à H G, comme F B, est à F A, & que la raison est double qui est composée des raisons de F G, à F B, & de F B, à F A, c'est à dire la raison de F G, à F A.

La raison est aussi double qui est composée des raisons de F G, à F B, & de H B, à H G, mesme que de F B, à F A, ou qui est mesme chose, la raison est double qui est composée des raisons de F G, à H G, & de H B, à F B.

Semblablement puis que B H, est à B G, comme F H, est à F A, & que la raison est double qui est composée des raisons de F G, à F H, & de F H, à F A, c'est à dire la raison de F H, à F A.

La raison est aussi double qui est composée des raisons de F G, à F H, & de B H, à B G, mesme que de F H, à F A. Donc aussi la raison est double qui est composée des raisons de H B, à H F, & de G F, à G B, Ou qui est la mesme chose, la raison est double qui est composée des raisons de F G, à B G, & de B H, à F H.

Et en conuertissant la plus grande partie de ces proprietez icy declarées, on en conclud que quatre poincts sont en inuolution.

Par exemple, quand en vne droicte F H, trois pieces comme AB, AC, AH, sont entre elles continuellement proportionnelles, & qu'vne quatriesme piece comme AF, est égale à la moyenne AC, les quatre poincts H, C, B, F, sont éuidemment en inuolution.

Quand en vne droicte F H, quatre pieces comme B H, B C, B F, B A, sont deux à deux proportionnelles, & que la piece comme A F, est egale à la piece comme A G, c'est à dire que le point comme A, mipartit la piece comme F G, les quatre points H, G, B, F, sont éuidemment en inuolution.

Quand en vne droicte F H, quatre pieces H G, H B, H A, H F, sont deux à deux proportionnelles, & que le point comme A, mipartit la piece comme F G, les quatre points H, G, B, F, sont éuidemment en inuolution.

Et semblables conuerses du reste qui sont euidentes, & qui pourroient au besoin estre deduites au long.

Il est semblablement euident de plusieurs endroits cy-deuant qu'estants donnez de position trois quelconques de quatre points d'vne quelconque inuolution, le quatriesme point de la mesme inuolution, correspondant au quelconque de ces trois, est aussi donné de position.

Quand en vn tronc droict, trois couples de nœuds extremes DF, C G, B H, sont en inuolution entre eux, que deux autres couples de nœuds, moyens, vnis, doubles, ou simples, P Q, X Y, font vne inuolution de quatre points auec chacune des deux quelconques couples C G, & B H, de ces trois couples de nœuds extremes. Ces deux mesmes nœuds moyens P Q, X Y, font encore vne inuolution aussi de quatre points auec la troisiéme de ces couples de nœuds extremes D F.

Car puis que les deux nœuds moyens P Q, X Y, font vne inuolution de quatre poincts auec chacune des couples de nœuds extremes C G, B H, ayant miparty en A, le brin PX, ce poinct A, est souche aux quatre nœuds, moyens P Q, X Y, & extremes C G, B H, Partant la branche A G, est à la branche A C, comme le rectangle G B, G H, est au rectangle C B, C H, & par l'hypothese le rectangle G D, G F, est au rectangle C D, CF, comme le rectangle G B, G H, est au rectangle C B, C H, consequemment la branche A G, est à la branche A C, comme le rectangle G D, G F, est au rectangle C D, C F, & A, est souche à chacune des couples de nœuds moyens P Q, X Y, & extremes B H, C G, D F, qui partant sont tous en inuolution entre eux, ainsi les deux couples de nœuds moyens P Q, X Y, sont en inuolution auec la troisiéme couple de nœuds extremes D F.

Mais pour ce Broüillon c'est assez remarquer des proprietez particulieres de ce cas qui en fourmille, & si cette façon de proceder en Geometrie ne satisfait, il est plus aisé de le suprimer que de le paracheuer au net, & luy donner sa forme complette.

La proposition qui suit au long auec sa demonstration est la mesme que celle du hault de la page 3. & dont il est dit qu'elle est enoncée autrement en Ptolomée.

Quand en vne droicte H, D, G, comme tronc à trois poincts H, D, G, comme nœuds passent trois droictes comme rameaux déployez H K *h*, D 4 *h*, G 4 K, le quelconque brin D *h*, du quelconque de ses rameaux D 4 *h*, contenu entre son nœud D, & le quelconque des deux autres rameaux H K *h*, est à son accouplé le brin D 4, contenu entre le mesme nœud D, & l'autre troisiéme des mesmes rameaux G 4 K, en raison mesme que la composée des raisons d'entre les deux brins de chacun des autres deux rameaux conuenablement ordonnez, à sçauoir de la raison du brin comme H h, au brin comme H K, & de la raison du brin comme G K, au brin comme G 4.

Car ayant par le point k, but de l'ordonnance d'entre les deux autres brins H h, G 4, mené vne droicte K *f*, paralelle au tronc H D G, laquelle donne le point *f*, au rameau D 4 *h*, puis prenant le brin D f, pour mitoyen entre les deux brins D h, & D 4, & consideré le paralelisme d'entre K f, H G, le brin D h, est au brin D 4, en raison mesme que la composée des raisons du brin D h, au brin D f, ou du brin H h, au brin H K, & de celle du brin D f, au brin D 4, ou du brin G K, au brin G 4. Noms imposez.

Il y a plusieurs choses à remarquer de cette enonciation, quand deux des trois rameaux sont paralels entre eux, quand au tronc il y a deux nœuds vnis en vn, & ce qui en dépend.

La conuerse de cette proposition bien enoncée, & concluant que trois points sont en vne mesme droicte est aussi vraye.

Quand à vn tronc droict G H, à trois diuerses couples de nœuds B H, D F, C G, disposez entre eux en inuolution passent trois couples de rameaux deployez F K, D K, B K, H K, C K, G K, tous entre eux d'vne mesme ordonnance au but K, ces trois couples de rameaux ainsi d'vne mesme ordonnance entre eux sont toutes ensemble nommées *Ramée d'vn arbre*, & chacune d'elles donne en quelconque autre droicte c b, menée en leur plan vne des trois couples de nœuds d'vne inuolution b h, d f, c g. Ramée.

Quand le but K, de l'ordonnance de ces trois couples de rameaux, ou de cette ramée F K, D K, B K, H K, C K, G K, est à distance infinie, la chose est euidente du seul paralelisme d'entre ces six rameaux.

Et quand le but K, de l'ordonnance de ces trois couples de rameaux, c'est à dire de cette ramée, est à distance finie. Premierement, les nœuds de chacune de ces trois couples b h, d f, c g, sont euidemment ou meslez, ou demeslez, aux nœuds de chacune des autres couples suiuant qu'au tronc G H, les nœuds d'vne couple sont meslez ou demeslez aux nœuds des autres couples.

Dauantage cette autre quelconque droicte c b, est aussi bien que le tronc C G, d'vne diuerse ordonnance auec chacun des rameaux F K, D K, d'vne quelconque des ces trois couples de rameaux de cette ramée.

Par le poinct comme D, but de l'ordonnance d'entre le tronc, C G, & le quelconque des rameaux D K, de cette quelconque couple F K, D K.

Et par le poinct comme f, but de l'ordonnance d'entre cette quelconque autre droicte c b, & l'autre rameau F K, de la mesme quelconque couple F K, D K, soit menée la droicte D f, qui donne les poincts 2, 3, 4, 5, aux autres quatre rameaux B K, C K, G K, H K, de la mesme ramée.

Maintenant en cette quelconque autre droicte c b, le rectangle des deux quelconques brins d g, d c, est à son relatif le rectangle des brins f g, f c, en raison mesme que la composée des raisons du brin g d, au brin g f, & du brin c d, au brin c f.

Et le rectangle des brins d b, d h, gemeau du rectangle d g, d c, est à son relatif le rectangle f b, f h, gemeau du rectangle f g, f c, en raison mesme que la composée des raisons du brin b d, au brin b f, & du brin h d, au brin h f.

Or la raison du brin g d, au brin g f, est la mesme que la composée des raisons de K d, à K D, & de 4 D, à 4 f.

Et la raison du brin c d, au brin c f, est la mesme que la composée des raisons de K d, à K D, & de 3 D, à 3 f.

C'est à dire, que la raison du rectangle d g, d c, au rectangle f g, f c, qui est la raison composée des raisons de g d, à g f. & de c d, à c f, est la mesme que la composée de deux fois la raison de K d, à K D, & des deux raisons de 4 D, à 4 f, & de 3 D, à 3 f.

Or la raison de 4 D, à 4 f, est la mesme que la composée des raisons de G D, à G F, & de K F, à K f.

Et la raison de 3 D, à 3 f, est la mesme que la composée des raisons de C D, à C F, & de K F, à K f.

C'est à dire, que la raison composée des deux raisons de 4 D, à 4 f, & de 3 D, à 3 f, est la mesme que la composée de deux fois la raison de K F, à k f, & des deux raisons de G D, à G F, & de C D, à C F, c'est à dire, & de la raison du rectangle D C, D G, au rectangle F C, F G.

C'est à dire, que la raison du rectangle d g, d c, à son relatif le rectangle f g, f c, assauoir, la raison composée des raisons de g d, à g f, & de c d, à c f, est la mesme que la composée de deux fois la raison de K d, à K D, & de deux fois la raison de K F, à k f, & des deux raisons de G D, à G F, & de C D, à C F, c'est à dire, & de la raison du rectangle D C, D G, à son relatif le rectangle F C, F .

Semblablement la raison du brin b d, au brin b f, est la mesme que la composée des raisons de K d, à K D, & de 2 D, à 2 f.

6 Et la raison du brin h d, au brin h f, est la mesme que la composée des raisons de K d, à K D, & de 5 D, à 5 f.

C'est à dire, que la raison du rectangle d b, d h, au rectangle f b, f h, assauoir la raison

Noms imposez.

composée des raisons de *bd*, à *bf*, & de *hd*, à *hf*, est la mesme que la composée de deux fois la raison de K*d*, à KD, & des deux raisons de 2D, à 2*f*, & de 5D, à 5*f*.

Or la raison de 2D, à 2*f*, est la mesme que la composée des raisons de BD, à BF, & de KF, à K*f*.

Et la raison de 5D, à 5*f*, est la mesme que la composée des raisons de HD, de HF, & de KF, à K*f*.

C'est à dire, que la raison composée des deux raisons de 2D, à 2*f*, & de 5D, à 5*f*, est la mesme que la composée de deux fois la raison de KF, à K*f*, & des deux raisons de BD, à BF, & de HD, à HF, c'est à dire, & de la raison du rectangle des brins DB, DH, à son relatif le rectangle FB, FH.

C'est à dire, que la raison du rectangle *db*, *dh*, à son relatif le rectangle *fb*, *fh*, assauoir la raison composée des raisons de *bd*, à *bf*, & de *hd*, à *hf*, est la mesme que la composée de deux fois la raison de K*d*, à KD, & de deux fois la raison de KF, à *kf*, & des deux raisons de BD, à BF, & de HD, à HF, c'est à dire, & de la raison du rectangle DB, DH, à son relatif le rectangle FB, FH.

Or par l'hypothese le rectangle DB, DH, est à son relatif le rectangle FB, FH, comme le rectangle DC, DG, est à son relatif le rectangle FC, FG, & alternement, & le reste.

C'est à dire, que le rectangle *dg*, *dc*, est à son relatif le rectangle *fg*, *fc*, & aussi le rectangle *db*, *dh*, à son relatif le rectangle *fb*, *fh*, chacun en raison mesme que la composée de deux fois la raison de K*d*, à KD, & de deux fois la raison de KF, à *kf*, & de la raison du rectangle DB, DH, à son relatif le rectangle FB, FH, ou de son égale, par hypothese, la raison du rectangle DC, DG, à son relatif le rectangle FC, FG.

Partant le rectangle *dg*, *dc*, est à son relatif le rectangle *fg*, *fc*, comme le rectangle *db*, *dh*, gemeau du rectangle *dg*, *dc*, est à son relatif le rectangle *fb*, *fh*, gemeau du rectangle *fg*, *fc*, & alternement, changeant, diuisant, composant, & le reste.

Ainsi les trois couples de nœuds *df*, *cg*, *bh*, sont en inuolution.

Et quand cette quelconque autre droicte *cb*, est parallele au quelconque des six rameaux d'vne ramée l'accouplé de ce rameau parallel donne en cette droicte la souche de cette inuolution pour nœud extréme couplé à la distance infinie.

Quand il n'y a point icy d'aduis touchant la diuersité des cas d'vne proposition, la demonstration en conuient à tous les cas, sinon il en est icy fait mention pour aduis.

En cette proposition, aux cas de quatre poincts en inuolution, quand cette quelconque droicte *cb*, se trouue paralelle au quelconque de ces rameaux DK, le nœud comme *f*, mypartit le brin *cg*, *bh*.

Car ayant fait que cette quelconque *cb*, ou sa paralelle, qui est mesme chose, passe au poinct CG.

Dautant que les droictes DK, & *cg*, *bh*, sont paralelles entre elles *cg*, *bh*, est à DK, comme BH, CG, est à BH, D, & DK, est à *cg*, *f*, comme F, D, est à F, CG. C'est à dire, que *cg*, *bh*, est à *cg*, *f*, en raison mesme que la composée des raisons de BH, CG, à BH, D, & de F, D, à F, CG, qui a esté demonstrée estre la raison double.

Partant *cg*, *bh*, est double de *cg*, *f*.

La conuerse en est éuidemment aussi vraye, que quand l'vn des rameaux FK, mypartit le brin comme *cg*, *bh*, cette droicte *cb*, est paralelle au rameau DK, couplé du rameau FK, car puis que les quatre poincts que ces rameaux y donnent sont en inuolution, & que le poinct *f*, mypartit le brin *cg*, *bh*, le quatriesme poinct *d*, que donne le rameau DK, est à distance finnie.

Il y a autre demonstration particuliere de cette conuerse, comme, soit menée la droicte C, N, L, paralelle à FK, il est demonstré que le rameau KD, mypartit en N, cette droicte C, N, L, & par hypothese le rameau FK, mypartit en *f*, la droicte *cg*, *bh*, & à cause du paralelisme d'entre les droictes CL, FK, le rameau FK, mypartit en K, le costé L, *bh*, du triangle L, *cg*, *bh*, dont le rameau DK, mypartit encore en K, le mesme costé du mesme triangle, & partant ce rameau DK, est paralel au troisiesme costé *cg*, *bh*, du mesme triangle.

Rameaux correspondans entre eux.

Au cas de quatre seuls poincts B, D, G, F, en inuolution en vne droicte où passent quatre rameaux déployez BK, DK, GK, FK, d'vne ordonnance entre eux au but K, les deux rameaux comme DK, FK, ou BK, GK, qui passent à deux poincts correspondans entre eux DF, ou BG, sont icy nommez *Rameaux correspondans entre eux*.

Et quand en ce cas deux rameaux BK, GK, correspondans sont perpendiculaires entre eux, ils mypartissent chacun vn des angles d'entre les autres deux rameaux DK, FK, aussi correspondans entre eux.

Car

Car ayant mené la droicte Df, paralelle au quelconque des rameaux BK, perpendiculaire à son correspondant GK, cette droicte Bf, est aussi perpendiculaire au rameau GK.

De plus, à cause de ce paralelisme d'entre BK, & Df, le rameau GK, mypartit DF, au poinct 3.

Ainsi les deux triangles K3D, K3f, ont chacun vn angle droict au poinct 3, & les costez 3K, 3D, & 3K, 3f, qui comprennent ces angles égaux K3D, K3f, égaux entre eux.

Partant les deux triangles K3D, K3f, sont égaux & semblables entre eux.

Donc le rameau GK, mypartit vn des angles DKF, d'entre les rameaux correspondans DK, FK, & le rameau BK, mypartit euidemment aussi l'autre des angles d'entre les mesmes rameaux correspondans DK, FK.

Et quand vn quelconque de ces rameaux GK, mypartit vn des angles DKF, d'entre deux autres de ces rameaux correspondans entre eux DK, FK, ce quelconque rameau GK, est perpendiculaire à son correspondant le rameau BK, lequel mypartit aussi l'autre des angles d'entre les mesmes rameaux correspondans DK, FK.

Car ayant mené la droicte comme Df, perpendiculaire à ce quelconque rameau GK, les deux triangles K3D, K3, f, ont chacun vn angle droict au poinct 3, & encore chacun vn angle égal au poinct K, & de plus vn costé commun K3, partant ils sont semblables & égaux, & le rameau GK, mypartit Df, au poinct 3.

Consequemment le rameau BK, est parallel à la droicte Df, & partant il est perpendiculaire à son correspondant le rameau GK.

Quand en vn plan, de quatre droictes BK, DK, GK, FK, d'vne mesme ordonnance entre elles au but K, deux comme DK, GK, sont perpendiculaires entre elles, & mypartissent chacune vn des angles que les autres deux FK, DK, font entre elles. Ces quatre droictes là donnent éuidemment en quelconque autre droicte BD, GF, menée en leur plan quatre poincts B, D, G, F, disposez entre eux en inuolution.

Quand en vn plan vne droicte FK, mypartit en f, vn des costez Gh, d'vn triangle BGh, & qu'au poinct K, qu'elle donne au quelconque Bh, des autres deux costez. de ce triangle passe vne autre droicte KD, paralelle au costé myparty Gh, les quatre poincts comme B, D, G, F, que cette construction donne au troisiesme costé BG, du mesme triangle, sont entre eux en inuolution.

Et quand à l'angle B, soustenu du costé myparty Gh, passe vne autre droicte Bp, paralelle au costé myparty Gh, les quatre poincts F, f, K, p, que donnent en cette droicte FK, les trois costez BG, Gh, Bh, de ce triangle BGH, & la droicte menée Bp, sont entre eux en inuolution.

Ce qui est éuident en menant encore la droicte comme KG, car en la droicte mypartie G, f, h, les trois poincts G, f, h, & la distance infinie sont quatre poincts en inuolution où passent quatre rameaux d'vne mesme ordonnance au but K, & partant ils donnent en la droicte BG, quatre poincts B, D, G, F, en inuolution.

Et en menant la droicte Bf, semblablement en la droicte Gh, les trois poincts à distance finie G, f, h, & la distance infinie sont en inuolution, ausquels passent quatre rameaux d'vne ordonnance au but B, qui partant donnent en la droicte FK, quatre poincts F, f, K, p, en inuolution.

Quand en vn plan vne droicte FGB, double vn des costez hf, d'vn triangle hfK, & qu'au poinct B, qu'elle donne au quelconque hK, des autres deux costez du mesme triangle passe vne droicte Bp, paralelle au costé doublé hf, cette construction donne au troisiesme costé Kf, de ce triangle hfK, quatre poincts F, f, K, p, en inuolution.

Comme il est éuident ayant mené la droicte Bf.

Et quand à l'angle K, soustenu du costé doublé hf, passe vne droicte KD, paralelle au costé doublé hf, cette construction donne en la droicte doublante F, B, quatre poincts F, G, D, B, en inuolution comme il est éuident ayant menée la droicte KG.

Cette matiere foisonne en semblables moyens pour conclure qu'en vne droicte quatre poincts ou bien trois couples de nœuds sont en inuolution, mais cecy peut suffire à en ouurir la miniere auec ce qui suit.

Quand vne droicte ayant vn poinct immobile se meut par le bord, autrement la circonference d'vn cercle.

Le poinct immobile de cette droicte est ou bien au plan, ou bien hors du plan de ce cercle.

Quand le poinct immobile de cette droicte est au plan de ce cercle, il y est à distance ou finie ou infinie.

Et en chacune de ces deux especes de position de ce poinct immobile au plan de ce cercle, tousiours cette droicte en se mouuant demeure au plan de ce cercle, & aux diuerses places qu'elle y prend en se mouuant, elle y donne vne ordonnance de droites qui rencontrent le cercle, & dont le but est à distance ou finie, ou infinie.

Noms imposez.

Quand le poinct immobile de cette droicte est hors du plan de ce cercle, il y est à distance ou finie ou infinie, & en chacune de ces deux especes de position de ce poinct immobile hors du plan de ce cercle, cette droicte en se mouuant demeure tousiours hors du plan de ce cercle, & en sa reuolution elle enuironne, enferme, ou descrit vn massif autrement solide, icy nommé *Rouleau*, comme d'vn nom de surgenre qui contient deux sousgenres.

Rouleau.

Sommet *du rouleau.*

Le poinct immobile de cette droicte est nommé *Sommet* de ce rouleau.

Plate assiette *ou* base *du rouleau.*

Le cercle par le bord duquel cette droicte se meut, est icy nommé *Base* ou *Assiette platte* de ce rouleau.

Enuelope *ou* Surface *du rouleau.*

L'espace que cette droicte parcourt en se mouuant, est icy nommé *Enuelope*, autrement *Surface* de ce rouleau.

Colomne *ou* Cylindre.

Quand le poinct immobile de cette droicte est à distance infinie hors du plan du cercle au bord duquel elle se meut, le rouleau qu'elle descrit est d'vne grosseur égale en tous les endroits de sa longueur à quelconque distance finie, & est icy nommé *Colomne*, autrement *Cylindre*, dont il est éuident qu'il y a des especes.

Cornet ou Cone.

Quand le poinct immobile de cette droicte est à distance finie hors du plan du cercle au bord duquel elle se meut, le rouleau qu'elle descrit en sa reuolution est restrainct à son poinct immobile auquel il n'a de grosseur qu'vn seul poinct depart & d'autre, duquel il va s'élargissant à l'infiny par deux cornets opposez entre eux à ce poinct immobile, & est icy pour cela nommé *Cornet*, autrement *Cone*, dont il est éuident qu'il y a des especes.

Ainsi la colomne ou cylindre, & le cornet ou cone sont deux sousgenres d'vn surgenre icy nommé rouleau, dont il est icy traitté principalement en general, & où l'on conceura qu'vne seule partie de ce cornet ou cone contenuë de l'vn des costez de son sommet, & qui passe ailleurs pour vn cone entier, n'est consideré ny ne passe icy que pour vne moitié de cornet ou de cone, & non pas pour vn cone entier.

Et partant à ce mot *Cornet* ou *Cone*, on conceura les deux parties ensemble & à la fois de cone opposées entre elles à leur sommet, le cone autrement n'estant pas entier.

Plan de coupe *du rouleau.*

Quand vn plan autre que celuy du cercle, assiette ou base de rouleau rencontre ce rouleau, pour cela ce plan est icy nommé *Plan de coupe* du rouleau.

Vn tel plan de coupe, rencontre vn semblable rouleau, ou bien au sommet, ou bien hors du sommet, & en chaque endroit c'est en l'vne de ces deux façons, ou que la droicte qui descrit le rouleau ne se trouue en se mouuant iamais paralelle à ce plan de coupe, ou qu'elle s'y trouue quelquefois paralelle.

Quand vn semblable plan de coupe rencontre vn rouleau à son sommet, en façon que la droicte qui descrit ce rouleau ne se trouue en se mouuant iamais paralelle à ce plan de coupe.

Si le sommet du rouleau se trouue à distance infinie, l'éuenement en est inimaginable, & l'entendement est incapable de comprendre, comment les euenemens que le raisonnement luy en fait conclure peuuent estre.

Si le sommet de ce rouleau se trouue à distance finie, il est éuident que cette droicte ne donne qu'vn seul poinct en ce plan de coupe.

Quand vn plan de coupe rencontre vn rouleau en son sommet, de façon que la droicte qui descrit ce rouleau se trouue en se mouuant quelquefois paralelle à ce plan de coupe.

Si le sommet de ce rouleau se trouue à distance infinie, la droicte qui descrit ce rouleau demeure en se mouuant tousiours paralelle à ce plan de coupe.

Si le sommet du rouleau se trouue à distance finie, la droicte qui descrit ce rouleau ne demeure pas en se mouuant tousiours paralelle à ce plan de coupe.

Et en chacune de ces deux especes de position du sommet de ce rouleau, la droicte qui le descrit se trouue en se mouuant, ou bien vne seule fois, ou bien deux diuerses fois en ce plan de coupe.

Quand elle ne s'y trouue qu'vne fois elle donne vne ligne droicte en ce plan de coupe qui lors est joinct au rouleau de son long, ou comme on dit autrement, touche le rouleau en vne droicte.

Quand elle s'y trouue deux diuerses fois, elle donne deux lignes droictes en ce plan de coupe qui fend alors ce rouleau de son long par le sommet.

Quand vn semblable plan de coupe rencontre vn rouleau ailleurs qu'en son sommet, en façon que la droicte qui descrit ce rouleau ne se trouue en se mouuant iamais paralelle à ce plan de coupe.

Si cette rencontre est à distance infinie l'euenement en est inimaginable & l'entendement trop foible pour comprendre comment peut estre ce que le raisonnement luy en fait conclure.

Si cette rencontre est à distance finie, la droicte qui descrit ce rouleau trace en ce plan de coupe en se mouuant vne ligne courbe laquelle à distance finie rentre & repasse en soy mesme, & dont il y a des especes.

Quand vn semblable plan de coupe rencontre vn rouleau ailleurs qu'en son sommet en façon que la droicte qui descrit ce rouleau se trouue quelquefois paralelle à ce plan de coupe, l'éuenement de cette espece est du tout inimaginable pour le regard de l'espece de rouleau nommée cylindre, & encore pour l'espece nommée cone quand la rencontre est à distance infinie. *Noms imposez.*

Et quand vn semblable plan de coupe rencontre vn cone ailleurs qu'au sommet, en façon que la droicte qui descrit ce cone se trouue quelquefois paralelle à ce plan de coupe, elle si trouue ou vne seule fois, ou bien deux diuerses fois paralelle.

Quand elle si trouue vne seule fois paralelle elle y trace vne ligne courbe laquelle à distance infinie rentre & repasse en soy mesme, & dont il n'y a qu'vne espece.

Quand elle si trouue deux diuerses fois paralelle elle y trace vne ligne courbe, laquelle à distance infinie se mypartit en deux égales & semblables moitiez, opposées entre elles dos à dos, desquelles vne seule n'est considerée & ne passe icy que pour vne moitié de l'euenement de cette position de plan de coupe au regard du rouleau qu'il rencontre, & dont il y a des especes.

Voila comme la rencontre d'vn tel plan de coupe & d'vn rouleau, sans considerer son assiette, se fait ou bien en vn seul poinct ou bien en vne seule droicte, ou bien en deux droictes, en vn mesme plan, ou bien en vne ligne courbe.

Et laissant à part les especes des rencontres qui se font en vn poinct & en vne seule droicte, pour discourir seulement des autres especes, l'espace que ce plan en ces autres especes de rencontre occupe du massif du rouleau, est icy nommé *Coupe* du rouleau. Coupe *de rouleau.*

Les lignes droictes ou courbes, que la droicte qui descrit le rouleau trace en se mouuant au plan de coupe, sont icy nommées *Bord* de la coupe du rouleau. Bord *de la coupe de rouleau.*

Quand le bord d'vne coupe de rouleau se trouue estre deux droictes, le but de leur ordonnance est à distance ou finie, ou infinie.

Quand le bord d'vne coupe de rouleau se trouue estre vne ligne courbe, laquelle à distance finie rentre & repasse en soy mesme, la figure en est nommée ou *Cercle*, ou *Ouale*, autrement *Elipse*, en francez, deffaillement. Cercle, Elipse *ou* Ouale.

Quand le bord d'vne coupe de rouleau se trouué estre vne ligne courbe, laquelle à distance infinie rentre & repasse en soy mesme, la figure en est nommée *Parabole*, en francez, égalation. Parabole.

Quand le bord d'vne coupe de rouleau se trouue estre vne ligne courbe, laquelle à distance infinie se mypartit en deux moitiez opposez dos à dos, la figure en est nommée *Hyperbole*, en francez, outrepassement ou excedement. Hyperbole.

Quand en vn plan vne droicte rencontre vne quelconque figure, cette rencontre est considerée seulement à l'égard du bord de cette figure, & la rencontre en vn plan d'vne droicte auec le bord d'vne figure se fait en deux poincts qui parfois sont vnis en vn seul, auquel cas elle touche cette figure.

Quand en vn plan vne figure NB, NC, est rencontrée de plusieurs droictes FCB, FIK, FXY, d'vne mesme ordonnance entre elles, & qu'vne mesme droicte NGHO, donne en chacune de ces droictes d'vne mesme ordonnance entre elles vn poinct G, H, O, couplé au but F, de leur ordonnance en inuolution auec les deux poincts comme XY, IK, CB, qu'y donne le bord de la figure NB, NC, vne telle droicte NGH, est pour cela nommée icy *Trauersale*, des droictes de l'ordonnance au but F, à l'égard de cette figure NB, NC, & les droictes de cette ordonnance au but F, sont pour cela nommées *Ordonnées* de la trauersale N, G, H, à l'égard de la mesme figure NB, NC. Trauersale *aux droictes d'vne ordonnance.*

Et en chacune de ces ordonnées sont ensemble considerées les deux pieces ou segmens, comme OC, OB, qui sont contenus entre la trauersale & chacun des rencontres de cette droicte, auec le bord de la figure. Et les deux pieces ou segmens comme FC, FB, qui sont contenuës entre le but F, de leur ordonnance, & chacun des rencontres de la mesme droicte auec le bord de la figure. Ordonnées *d'vne trauersale.*

De façon que quand en vn plan les droictes FB, FK, FY, d'vne ordonnance au but F, rencontrent vne figure NB, NC, il y a quatre especes de plus grande & de plus petite à considerer aux droictes de la mesme ordonnance au but F.

La plus grande & la plus petite d'elles qui est contenuë entre leur but commun F, & leur rencontre auec le bord de la figure de l'espece du rencontre B.

La plus grande & la plus petite d'elles contenuës entre leur but commun F, & leur rencontre auec le bord de la figure de l'espece du rencontre C.

Et celle d'elles dont la piece ou segment comme CB, qui est contenu dans la figure, est la plus grande ou la plus petite.

Ou bien celle d'elles dont la somme ou la difference des deux pieces comme FC, FB, & comme OB, OC, contenuës entre leur but commun F, & leur trauersale ON, & chacun de ses rencontres auec le bord de la figure, est la plus grande ou la plus petite.

Noms imposez.

Partant à ces mots *Trauersale, Ordonnées*, on conceura que les droictes dont il est entendu parler, sont ainsi nommées à l'égard d'vne coupe de rouleau qui est au mesme plan que ces droictes.

Vn semblable éuenement de trauersale & d'ordonnées est frequent aux plates coupes du rouleau quelconque.

Et le bord de la figure auec le but des ordonnées & leur trauersale donnent en chacune des ordonnées tousiours quatre poincts en inuolution, dont les deux qu'y donne le bord de la figure sont les correspondans entre eux, & celuy du but de l'ordonnance, auec celuy qui donne la trauersale, sont aussi correspondans entre eux.

Ou bien en chacune des ordonnées le but de leur ordonnance est couplé au poinct qu'y donne leur trauersale en inuolution auec les deux poincts qu'y donne le bord de la figure, & au rebours.

Ou bien en chacune des ordonnées les deux poincts qu'y donne le bord de la figure sont couplez en inuolution auec ces deux autres poincts, le but de leur ordonnance & celuy qu'y donne leur trauersale.

Or comme en vne inuolution de quatre poincts quelquesfois les deux de la couple des extrémes sont éloignez l'vn de l'autre, en façon que l'vn est vny à la souche, & l'autre est à distance infinie.

Par contre, aussi les mesmes deux nœuds ou poincts de la couple d'extrémes sont quelques fois approchez iusques à estre vnis ensemble à vn mesme des autres deux nœuds moyens & correspondans entre eux, auquel cas les quatre poincts de l'inuolution se trouuent reduits à deux seuls poincts, à l'vn desquels on en conceura trois vnis en vn.

Il y a beaucoup à dire au sujet des quatre poincts en inuolution d'vne ordonnance de droictes auec leur trauersale & le bord de la figure, mais en ce Broüillon il suffira de dire quelque chose des especes d'éuenemens plus generaux qui peuuent en faire voir aisement le particulier.

Au plan d'vne coupe de rouleau quelconque le but d'vne ordonnance de droictes, autrement d'vn corps d'ordonnées, est ou bien au bord, ou bien hors du bord de la figure, & en chacune de ces deux positions il est ou bien à distance finie, ou bien à distance infinie.

Au plan d'vne coupe de rouleau quelconque la trauersale d'vne ordonnance de droictes, autrement d'vn corps d'ordonnées, ou bien rencontre, ou bien ne rencontre pas le bord de la figure & en chacune de ces deux positions, elle est ou bien à distance finie, ou bien à distance infinie.

Quand le but d'vn corps d'ordonnées est au bord de la figure à distance ou finie ou infinie, la trauersale de l'ordonnance est du corps mesme des ordonnées, & passe au but de l'ordonnance auquel elle touche à la figure.

Quand le but des ordonnées est hors du bord de la figure à distance ou finie, ou infinie, & que toutes les ordonnées rencontrent le bord de la figure, la trauersale ne le rencontre pas, & si toutes les ordonnées ne rencontrent pas le bord de la figure, la trauersale le rencontre.

Dauantage les deux pieces de chacune des ordonnées contenuës entre leur but, & chacun des deux poincts qu'y donne le bord de la figure sont ou bien égales ou bien inégales entre elles.

Quand elles sont égales entre elles aussi les deux pieces de chacune des mesmes ordonnées contenuës entre leur trauersale, & chacun des deux poincts qu'y donne le bord de la figure sont égales entre elles, & au contraire.

Et par contre, quand la trauersale d'vn corps d'ordonnées à distance ou finie, ou infinie, ne rencontre pas le bord de la figure, toutes les ordonnées le rencontrent.

Quand la trauersale d'vn corps d'ordonnées à distance ou finie, ou infinie rencontre le bord de la figure, elle le rencontre ou bien en vn ou bien en deux poincts.

Quand elle le rencontre en vn poinct, ce mesme poinct est le but des ordonnées.

Quand elle le rencontre en deux poincts, toutes les ordonnées ne le rencontrent pas.

Dauantage les deux pieces de chacune des ordonnées contenuës entre leur trauersale, & chacune de leurs deux rencontres auec le bord de la figure sont ou bien égales ou bien inégales entre elles.

Quand elles sont égales entre elles, aussi les deux pieces de chacune des mesmes ordonnées contenuës entre leur trauersale, & chacun des deux poincts qu'y donne le bord de la figure sont égales entre elles, & au contraire.

Quand en vn plan à quatre poincts B, C, D, E, comme bornes couplées trois fois entre elles, passent trois couples de droictes bornales BCN, EDN, BEF, DCF, BDR, ECR, chacune de ces trois couples de droictes bornales & le bord courbe d'vne quelconque coupe de rouleau, qui passe à ces quatre poincts B, C, D, E, donne en quelconque autre droicte de leur plan ainsi qu'en vn tronc I, G, K, vne des couples de nœuds d'vne inuolution IK, PQ, GH, & LM, & si les deux bornales droictes d'vne des couples BCN, EDN, sont

paralelles

paralelles entre elles, les rectangles de leurs couples relatiues de brins déployez au tronc sont entre eux comme leurs gemeaux les rectangles des brins pliez au tronc & de mesme ordre sont entre eux.

Nœuds impairs.

Car le rectangle de la couple quelconque de brins pliez au tronc QI, QK, est à son relatif le rectangle PI, PK, en raison mesme que la composée des raisons de IQ, à IP, & de KQ, à KP.

Or IQ, est à IP, en raison mesme que la composée des raisons de CQ, à CF, & de BF, à BP.

Et KQ, est à KP, en raison mesme que la composée des raisons de DQ, à DF, & de EF, à EP.

Donc le rectangle QI, QK, est à son relatif le rectangle PI, PK, en raison mesme que la composée des quatre raisons de CQ, à CF, & de BF, à BP, & de DQ, à DF, & de EF, à EP.

Semblablement le rectangle QG, QH, est au rectangle PG, PH, en raison mesme que la composée des raisons de GQ, à GP, & de HQ, à HP.

Or GQ, est à GP, en raison mesme que la composée des raisons de DQ, à DF, & de BF, à BP.

Et HQ, est à HP, en raison mesme que la composée des raisons de CQ, à CF, & de EF, à EP.

Donc le rectangle QG, QH, est au rectangle PG, PH, en raison mesme que la composée des quatre raisons de DQ, à DF, & de BF, à BP, & de CQ, à CF, & de EF, à EP, qui sont les quatre mesmes raisons dont est composée la raison du rectangle QI, QK, au rectangle PI, PK.

Partant le rectangle des brins QI, QK, est à son relatif le rectangle PI, PK, comme le rectangle QG, QH, gemeau du rectangle QI, QK, est à son relatif le rectangle PI, PH, gemeau du rectangle PI, PK.

Et partant les trois couples de nœuds IK, PQ, GH, sont en inuolution entre elles.

Où l'on void que c'est vne mesme proprieté de trois couples de rameaux déployez au tronc d'vn arbre quand ils sont tous d'vne mesme ordonnance entre eux, & quand ils sont disposez comme icy aux quatre poincts B, C, D, E, de façon que le but de l'ordonnance de trois couples de rameaux est comme si ces quatre poincts B, C, D, E, s'vnissoient à vn seul poinct.

Que si les deux bornales d'vne couple BCN, EDN, sont paralelles entre elles le rectangle des brins déployez IC, IB, est à son relatif le rectangle KD, KE, comme le rectangle de la couple des quelconques brins pliez au tronc IQ, IP, gemeau du rectangle IB, IC, est à son relatif le rectangle de brins pliez au tronc KQ, KP, gemeau du rectangle KD, KE, ce qui est éuident du paralelisme de ces rameaux ou bornales entre elles BC, DE.

Ce qui monstre que quand en vn plan il y a cinq quelconques droictes BE, DC, PK, BC, & DE, dont les deux quelconques BC, DE, sont paralelles entre elles estant la quelconque des autres trois KP, considerée comme tronc, & chacune des autres comme rameaux déployez à ce tronc, dont les deux paralelles BC, DE, soient vne couple, & les autres deux BE DE, soient vne autre couple, les rectangles des couples de brins IC, IB, & KD, KE, des deux rameaux d'vne couple, sont éuidemment entre eux comme leur gemeaux pris d'vn mesme ordre, les rectangles de IQ, IP, & KQ, KP, des brins de l'autre de ces couples de rameaux sont entre eux.

C'est à dire, qu'aussi le rectangle CI, CB, est éuidemment au rectangle DK, DE, comme le rectangle CQ, CF, est au rectangle DQ, DF.

Et qu'aussi le rectangle BI, BC, est éuidemment au rectangle EK, ED, comme le rectangle BF, BP, est au rectangle EF, EP.

Quand le bord courbe d'vne quelconque coupe de rouleau passe à ces quatre poincts B, C, D, E, ceux qui voudront chercher vne demonstration en mesmes paroles pour toutes les especes de coupes le peuuent faire; cependant en voicy la demonstration en deux reprises, premierement quand c'est le bord d'vn cercle qui y passe, & en suitte de quelconque de ces autres especes de coupe de rouleau.

Quand donc ces quatre bornes B, C, D, E, sont au bord d'vn cercle qui rencontre en LM, cette septiesme quelconque droicte GPH.

9 En ce cas prenant le rectangle comme FC, FD, pour mitoyen entre les rectangles QC, QD, & PB, PE, c'est à dire, entre leurs égaux les rectangles QL, QM, & PL, PM, il est éuident que le rectangle QL, QM, ou son égal le rectangle QC, QD, est au rectangle PL, PM, ou à son égal le rectangle PB, PE, en raison mesme que la composée des raisons du rectangle QC, QD, au rectangle FC, FD, ou son égal le rectangle FB, FE, & du rectangle FC, FD, ou son égal le rectangle FB, FE, au rectangle PB, PE.

Noms impoſez,

Or le rectangle QC, QD, égal du rectangle QL, QM, eſt au rectangle FC, FD, égal du rectangle FB, FE, en raiſon compoſée des raiſons de CQ, à CF, & de DQ, à DF.

Et le rectangle FB, FE, égal du rectangle FC, FD eſt au rectangle PB, PE, égal du rectangle PL, PM, en raiſon compoſée des raiſons de BF, à BP, & de EF, à EP.

Donc le rectangle QL, QM, égal du rectangle QC, QD, eſt au rectangle PL, PM, égal du rectangle PB, PE, en raiſon meſme que la compoſée des quatre raiſons de CQ, à CF, de DQ, à DF, de BF, à BP, & de EF, à EP, qui ſont les quatre meſmes raiſons dont eſt compoſée chacune des raiſons, & du rectangle QI, QK, au rectangle PI, PK, & du rectangle QG, QH, aa rectangle PG, PH.

Et quand les quatre bornes B, C, D, E, ſont au bord courbe d'vne quelconque autre eſpece de coupe de rouleau, ſans faire icy tant de figures pour vn ſimple Broüillon de projet, ſi l'on ſe veut donner le diuertiſſement d'en faire ailleurs, on verra que le rouleau duquel cette figure eſt coupe eſtant reſtably ſur elle, & en ſuitte ſur ſon aſſiette ou baſe le quelconque cercle BCDE.

Les quatre droictes menées par le ſommet de ce rouleau & par les quatre bornes qui ſont au bord de cette quelconque coupe, filent par la ſurface du rouleau, & donnent au bord du cercle ſa baſe auſſi quatre bornes B, C, D, E.

Et que les plans du ſommet de ce rouleau & de chacune des droictes bornales des trois couples menées par les quatre bornes de cette quelconque coupe, donnent au plan du cercle baſe de ce rouleau, par ces bornes B, C, D, E, trois couples auſſi de bornales BC, ED, BE, CD, BD, CE.

Et que le plan du ſommet de ce rouleau & de cette ſeptieſme quelconque droicte menée au plan de cette coupe, donne au plan du cercle baſe de ce rouleau, de meſme vne ſeptieſme quelconque droicte K, G, H, qui rencontre en deux poincts LM, le bord du cercle B, C, D, E, baſe ou aſſiette de ce rouleau, & laquelle droicte K, G, H, rencontre auſſi aux poincts comme PQ, GH, IK, chacune des bornales des trois couples du plan de ce meſme cercle.

Et que les droictes menées du ſommet de ce rouleau par les poincts LM, du bord de ce cercle ſa baſe, paſſent en la ſeptieſme quelconque droicte du plan de cette coupe quelconque aux meſmes poincts qu'y donne le bord ce cette coupe quelconque.

Et que les droictes menées du ſommet du rouleau par les poincts de chacune des couples de nœuds QP, GH, IK, de la ſeptieſme droicte GH, du plan du cercle baſe de ce rouleau paſſent aux poincts que donnent en la ſeptieſme droicte du plan de cette coupe les trois couples de bornales ainſi menées en ce meſme plan.

Or il eſt demonſtré que ces couples de nœuds LM, QP, GH, IK, du plan du cercle ſont en inuolution entre eux.

Et la ramée de cét arbre en trois ou quatre couples de rameaux, tous d'vne meſme ordonnance, dont le but eſt le ſommet de ce rouleau, donne en cette ſeptieſme droicte du plan de cette coupe autant de couples de nœuds auſſi d'vne inuolution. Et partant :

Cette demonſtration bien entenduë s'applique en nombre d'occaſions & fait voir la ſemblable generation de chacune des droictes & de poincts remarquables en chaque eſpece de coupe de rouleau, & rarement vne quelconque droicte au plan d'vne quelconque coupe de rouleau peut auoir vne proprieté conſiderable à l'égard de cette coupe, qu'au plan d'vne autre coupe de ce rouleau la poſitiō & les proprietez d'vne droicte correſpondante à celle-là ne ſoit auſſi donnée pa r vne ſemblable conſtruction de ramée d'vne ordonnance dont le but ſoit au ſommet du rouleau.

Mais auant que paſſer outre aux propoſitions generales des quelconques coupes du rouleau, poſſible il ne ſera pas mal à propos de donner encor vne des propoſitions particulieres du plan du cercle.

Quand en la diametrale A 7, d'vn cercle L M E C, deux quelconques poincts A, I, ſont couplez entre eux en inuolution auec les deux poincts E C, qu'y donne le bord du cercle que deux droictes L I S, L A M, ordonnées à vn quelconque poinct L, au bord de ce cercle, paſſent à ces deux poincts A, & I.

Qu'à chacun des poincts E, C, & au centre du cercle 7, paſſe vne couple de droictes CP, CN, ER, EO, 7 B, 7 D, coniuguées, & par la nature du cercle icy perpendiculaires aux deux droictes LA, LI, auſquelles elles donnent les poincts R, O, P, N.

La piece de la quelconque de ces deux droictes LA, LI, contenuë entre ces deux poincts qu'y donnent les coniuguées venans des poincts E, & C, eſt égale à la piece de l'autre des meſmes droictes LA, LI, qui eſt contenuë entre les poincts qu'y donne le bord du cercle.

C'eſt à dire que la piece NO, de la droicte LI, eſt égale à la piece LM, de la droicte LA, & que la piece PR, de la droicte LA, eſt égale à la piece LS, de la droicte LI.

Et dauantage, le rectangle de chacune des couples de ces coniuguées venans des poincts E,

& C, sur chacune de ces droictes LA, LI, est égal au rectangle des deux pieces de celle des *Noms impo-*
deux LA, LI, à laquelle elles sont coniuguées contenuës entre l'vn des poincts qu'y donne le *sez,*
bord du cercle, & chacun des poincts qu'y donnent ces deux coniuguées.

C'est à dire que le rectangle PC, RE, est égal au rectangle LP, LR, & que le rectangle NC, OE, est égal au rectangle LN, LO.

Car comme 7B, mypartit EC, en 7, de mesme à cause du paralelisme d'entre CP, 7B, ER, elle mypartit RP, en B, mais de la nature du cercle elle mypartit aussi LM, en B, partant les deux pieces LP, MR, sont égales entre elles.

Semblablement & par mesmes raisons, comme 7D, mypartit EC, en 7, de mesme elle mypartie NO, en D, mais elle mypartit aussi LS, en D, partant les deux pieces NL, OS, sont égales entre elles.

Dauantage ayant mené la droicte LE, qui donne H, en PC, & la droicte LC, les deux EL, & CL, sont perpendiculaires entre elles veu le demy cercle ECL.

Et puis que les quatre poincts C, I, E, A, sont en inuolution ces perpendiculaires CL, EL, mypartissent chacune vn des angles que les deux droictes LA, LI, font entre elles.

Ainsi les triangles rectangles CLP, CLN, sont semblables, & à cause de leur coste commun CL, ils sont égaux entre eux.

Et semblablement les triangles rectangles LER, LEO, sont semblables, & à cause de leur coste commun EL, ils sont egaux entre eux.

Ainsi les droictes LR, LO, sont égales entre elles, & les droictes LP, LN, égales entre elles.

Mais les droictes LN, SO, sont égales entre elles, donc les droictes LP, SO, MR, sont égales entre elles, consequemment les droictes NO, LM, sont égales entre elles, & les droictes PR, LS, égales entre elles.

Et menant la droicte MI, iusques au bord du cercle X, il est éuident que les deux pieces IL, IX, sont égales entre elles & les deux pieces IM, IS, égales entre elles.

Ainsi les deux pieces IL, IM, sont égales aux deux pieces IX, IS, ou autrement LS, difference ou somme des deux pieces IL, IM, est égale à RP, c'est à dire que RP, est égale à la somme, ou à la difference des deux IL, IM.

Maintenant puis que EL, est perpendiculaire à LC. le triangle CLH, est rectangle, & à son angle droict au poinct L, passe la droicte AP, perpendiculaire à son costé CH, base de l'angle droict CLH, ainsi le triangle rectangle LPH, est semblable à chacun des triangles aussi rectangles CLH, & CPH.

Et à cause du paralelisme d'entre les droictes CPH, & ERQ, le mesme triangle LPH, est encore semblable à chacun des deux triangles aussi rectangles LRE, & LOE.

Partant les triangles rectangles CPL, LRE, CLN, & LOE, sont semblables entre eux, consequemment PC, est à RL, comme PL, est à RE, & le rectangle des deux extrémes PC, RE, qui sont les deux coniuguées perpendiculaires venans des poincts C, & E, sur la droicte LA, est égal au rectangle des moyennes LR, LP, qui sont les deux pieces de la mesme droicte LA, contenuës entre l'vn des poincts L, qu'y donne le bord du cercle, & chacun des poincts R, & P, qu'y donnent ces deux coniuguées perpendiculaires ER, CP, Et en menant les droictes MC, ME, par mesme raisonnement, on demonstrera que les triangles ERM, MPC, sont semblables, & alongeant les droictes CM, ER, on demonstrera semblablement que les rectangles PC, RE, & MP, MR, sont égaux entre eux.

Dauantage les triangles CLN, LOE, estans semblables entre eux NC, est à LO, comme LN, est à OE, & le rectangle des extrémes les coniuguées perpendiculaires NC, OE, est égal au rectangle des moyennes LO, LN, qui sont les deux pieces de LI, contenuës entre vn des poincts L, qu'y donne le bord du cercle, & chacun des poincts N, & O, qu'y donnent ses deux coniuguées perpendiculaires CN, EO.

Et demeurant la mesme constructionquand au quelconque I, des deux poincts A, & I, passe vne droicte IZ, coniuguée perpendiculaire à celle AL, des deux droictes LA, LI, qui passe à l'autre A, des mesmes deux poincts A, & I, en laquelle & au quelconque P, des poincts tels que P, & R, passe vne droicte PQ, laquelle donne les poincts K, en la droicte IZ, & Q, en la coniuguée perpendiculaire ER, qui passe à l'autre poinct R, en façon que le rectangle des pieces comme ZK, ZR, soit égal au rectangle de deux fois la piece comme ZI, c'est à dire au rectangle ZI, ZI.

10 Lors comme RP, est à la piece de ER, telle que RQ, ainsi le rectangle BR, BP, est à chacun des rectangles égaux PC, RE, & ZI, B7, ou ML, MR.

Car en prenant ZR, pour hauteur commune à chacun des rectangles ZK, ZR, & ZP, ZR, le rectangle ZP, ZR, est au restangle ZK, ZR, c'est à dire à son égal le rectangle

Noms imposez, ZI, ZI, comme la base ZP, est à la base ZK, c'est à dire, à cause du paralelisme d'entre ZK, RQ, comme RP, est à RQ.

Dauantage à cause du paralelisme d'entre les droictes CP, 7B, IZ, ER, & que les poincts A, E, I, C, sont en inuolution, & que 7, en mypartit le brin EC, suit que 7I, 7E, 7A, sont proportionnelles, & IA, IE, I7, IC, deux à deux proportionnelles, & AC, A7, AI, AE, deux à deux proportionnelles, & CP, 7B, IZ, ER, deux à deux proportionnelles en mesme raison que les quatre AC, A7, AI, AE, entre elles, & que les quatre AP, AB, AZ, AR, entre elles.

De la suit que comme le rectangle AZ, AZ, est au rectangle AR, AP, ou à son égal le rectangle AZ, AB, c'est à dire, comme la branche AZ, est à son actouplée la branche AB, c'est à dire, comme le rectangle des brins ZR, ZP, est à son relatif le rectangle BR, BP, ainsi le rectangle ZI, ZI, est à chacun des rectangles égaux ZI, B7, RE, PC, & LP, LR, ou MP, MR.

Et en changeant, comme le rectangle ZR, ZP, est au rectangle ZI, ZI, c'est à dire, comme RP, est à RQ, ainsi le rectangle BR, BP, est à chacun des rectangles égaux PC, RE, ZI, B7, & LP, LR, ou MP, MR.

Mais comme RP, est à RQ, ainsi aussi le rectangle RP, RP, est au rectangle RP, RQ, donc le rectangle BP, BR, est à chacun des rectangles égaux ER, CP, ZI, B7, & LP, LR, MP, MR, comme le rectangle RP, RP, est au rectangle RP, RQ, & en changeant le rectangle BP, BR, est au rectangle RP, RP, comme chacun des rectangles égaux ER, CP, ZI, B7, LP, LR, MP, MR, au rectangle RP, RQ.

Or est il qu'à cause que PR, est mypartie en B, le rectangle BR, BP, est la quatriesme partie du rectangle RP, RP, donc aussi chacun des rectangles égaux ER, CP, ZI, B7, LP, LR, MP, MR, est la quatriesme partie du rectangle RP, RQ.

A quoy si l'on adiouste que la droicte EL, mypartissant l'angle MLS, & la droicte CM, mypartissant l'angle XML, les pieces du bord du cercle ES, EM, sont égales entre elles & les pieces CX, CL, égales entre elles; d'où suit que la droicte EIC, mypartit l'vn des angles que les droictes IL IM, font entre elles, & que la droicte IGY, perpendiculaire à EIC, mypartit l'autre des angles que les mesmes droictes IL, IM, font encore entre elles.

On verra bien tost en gros quelles especes de consequences & de conuerses vrayes s'en ensuiuent pour le sujet de ce Broüillon, & qui l'enfleroient trop à les déduire au long.

Quand en vn plan à quatre poincts B, C, D, E, comme bornes en quelconque plate coupe de rouleau passent trois couples de droictes bornales BCF, EDF, BEN, CDN, BDG, CEG, & qu'aux deux buts G, & N, des deux ordonnances de deux quelconques couples de ces bornales, passe vn autre droicte GN, à l'egard de la coupe de rouleau, au bord de laquelle sont les quatre bornales B, C, D, E, cette droicte GN, est trauersale des droictes de l'ordonnance de la troisiesme de ces couples de bornales au but F, c'est à dire que F,X,G,Y, son en inuolution.

Car comme il a esté dit en conceuant que chacune des deux lettres X, & Y, est doublée.

GX, est à GY, en raison mesme que la composée des raisons de } DX, à DN, & de BN, à BY.
Et GX, est à GY, en raison mesme que la composée des raisons de } CX, à CN, & de EN, à EY.
Et FX, est à FY, en raison mesme que la composée des raisons de } DX, à DN, & de EN, à EY.
Et FX, est à FY, en raison mesme que la composée des raisons de } CX, à CN, & de BN, à BY.

D'où suit que GX, est à GY, comme FX, est à FY, c'est à dire que les quatre poincts F, X, G, Y, sont entre eux en inuolution.

Et en conceuant la droicte menée FN, les quatre droictes NF, NX, NG, NY, sont entre elles d'vne mesme ordonnance au but N, & passent aux quatre points en inuolution FXGY, partant elles donnent en chacune des quelconques droictes menées en leur plan FCOB, FIHK, quatre poincts en inuolution F, C, O, B, F, I, H, K.

Et dautant que les quatre droictes GF, GC, GO, GB, sont entre elles d'vne mesme ordonnance au but G, & qu'elles passent aux quatre poincts en inuolution F, C, O, B, de la droicte FB, suit qu'elles donnent en quelconque droicte FH, menée en leur plan, quatre poincts en inuolution F, I, H, P.

Et quand ces quatre bornes B, C, D, E, sont au bord courbe d'vne quelconque coupe de rouleau CLDEMB.

La mesme droicte GN, est à l'égard de cette coupe de rouleau trauersale aussi des droictes ordonnées au but F, & les quatre poincts F, L, H, M, que donnent en la quelconque droicte de cette ordonnance, le but de l'ordonnance F, la trauersale GN, & le bord de la figure LM, sont en inuolution entre eux : car suiuant la mesme construction il est demonstré qu'en cette droicte FH, les trois couples de poincts LM, IK, QP, sont trois couples de nœuds en inuolution.

Il aussi demonstré que les deux poincts F, & H, sont couplez en inuolution, & auec les deux poincts I, K; & auec les deux poincts Q, P. Noeuds impo- sez.

Finalement, il est aussi demonstré qu'en suitte les mesmes deux points F & H, sont aussi couplez en inuolution auec les deux points L, M.

Ou si l'on veut, puis que chacune des deux couples de poincts I K, & P Q, est en inuolution auec les deux poincts F, & H, suiuque chacune d'elles est vne couple de nœuds extrémes d'vn arbre dont F, & H, sont les deux nœuds moyens doubles.

Et il est demonstré que les trois couples de nœuds I K, P Q, & L M, sont en inuolution.

Partant les deux poincts L M, sont encore vne couple de nœuds du mesme arbre dont F, & H, sont les deux nœuds moyens doubles.

Consequemment les mesmes deux poincts L, & M, sont couplez entre eux en inuolution auec les deux poincts F, & H.

Le mesme se peut encore deduire & conclure d'vne autre façon.

D'où suit qu'à l'égard de cette coupe de rouleau C L D E M, en laquelle sont ces quatre bornes B, C, D, E, la droicte GF, est trauersale des droictes ordonnees au but N, & que la droicte F N, est trauersale des droictes ordonneés au but G.

Et que quand au plan d'vne semblable coupe de rouleau, le but est à distance infinie d'vne ordonnance de droictes qui rencontrent cette coupe, les pieces de chacune des ordonnées contenuës entre leur trauersale, & chacun des points que leur donne le bord de la figure, sont égales entre elles, & de mesme de leurs pieces contenuës entre le but de l'ordonnance, & chacun des points que leur donne le bord de la figure.

D'où suit qu'au plan d'vne quelconque coupe de rouleau toute droicte à l'égard de cette coupe est trauersale de droictes ordonnées à quelque but.

Et que tout poinct à l'égard de cette coupe y est le but de quelques droictes ordonnées d'vne trauersale.

D'où suit encore qu'estant de quelconque poinct N, en la trauersale G N, des droictes d'vne ordonnance au but F, menée vne quelconque droicte N D C, qui rencontre le bord de cette coupe de rouleau comme en D, & C, & puis par F, but de cette ordonnance, & par l'vn de ces poincts D, menée vne autre droicte F D E, qui donne encore le poinct E, au bord de cette coupe de rouleau.

Les deux droictes menées finalement comme N B, & E C, sont ensemble ordonnées à vn but B, au bord de la coupe de rouleau.

Car il est demonstré que les poincts C, & B, que le bord de la coupe de rouleau donne en la droicte F C O, sont couplez en inuolution auec les deux poincts F, & O, qu'y donnent les deux droictes N G, N F.

Il est aussi demonstré que les poincts C, & B, que les droictes N Y B, N X C, donnent en la mesme droicte FO, sont de mesme couplez en inuolution auec les mesmes deux poincts F, O, qu'y donnent les deux droictes N G, N F, donc le bord de la coupe de rouleau & la droicte N, E, donnent vn mesme poinct B, en cette droicte FO.

D'où suit d'abondant que quand en vn plan deux quelconques droictes F C B, F D E, rencontrent comme en des bornes B, C, D, E, le bord d'vne quelconque coupe de rouleau, & qu'à ces poincts B, C, D, E, passent deux couples d'autres droictes bornales B E, C D, & B D, E C, les deux buts N, & G, des deux ordonnances de ces deux couples de droictes bornales sont en G N, trauersale des droictes de l'ordonnance de ces deux premieres droictes comme F C B, F D E, dont le but est F.

D'où suit qu'au plan d'vne quelconque coupe de rouleau B C D E, chacune des droictes F O, F H, F G, d'vne mesme ordonnance entre elles est trauersale des droictes d'vne ordonnance dont le but est en leur commune trauersale G N.

Et par conuerse, que les trauersales O F, H F, G F, des droictes des ordonnances dont le but est en vne mesme trauersale ou droicte N G, sont toutes d'vne mesme ordonnance entre elles.

D'où suit qu'estant au plan d'vne coupe de rouleau donné de position le but F, d'vne quelconque ordonnance de droictes F H, F G, leur commune trauersale G N, y est aussi donnée de position.

Et qu'y estant donnée de position vne quelconque trauersale ou droicte G N, le but de ses ordonnées F, y est aussi donné de position.

Où l'on void en outre que les droictes comme F S, qu'on nomme touchantes à vne coupe de rouleau, sont du corps d'vne ordonnance de droictes qui ne rencontrent pas toutes la figure, & ne sont chacune qu'vn cas d'vn cas.

D'où suit que la droicte d'vne ordonnance menée au poinct que leur trauersale donne au

Noms imposez.

bord d'vne coupe de rouleau touche cette coupe.

Et que du bord de la figure ayant mené vne ordonnée à quelconque diametrale de cette coupe, & vne autre droicte au poinct de cette diametrale couplé au poinct qu'y donne cette ordonnée en inuolution auec les deux poincts qu'y donne le bord de la figure, cette derniere droicte touche cette coupe.

Or en vne quelconque trauersale N G, d'vne quelconque ordonnance de droictes FH, F O, chacune des couples de poincts N G, Z H, A R, qu'y donnent les trois buts d'ordonnées A, Z, N, & leurs trauersales T G V, M H L, & E R D, sont chacune vne de trois couples de nœuds en inuolution d'vn arbre dont la souche est consequemment donnée de position, assauoir à celuy de ces nœuds extrémes interieur qui se trouue couplé à la distance infinie, ou autrement le poinct qu'y donne la trauersale des droictes ordonnées à distance infinie auec cette trauersale N G.

Qui voudra se donner le diuertissement ainsi que Monsieur Pujoz d'en faire vne seule Demonstration en vn plan generale de toutes especes de cas, deuancera le nettoyement de ce Broüillon, dont la plus part des choses ont d'abord esté demonstrées par le relief.

Cependant on en pourra voir icy la verité par deux reprises, vne en plan, & l'autre en relief, c'est assauoir au plan du cercle ou la chose est éuidente de la perpendicularité des diametrales à leurs ordonnées.

Et pour les autres especes de coupes, en restablissant le rouleau sur cette coupe, & de suitte sur sa base cercle, & s'aydant apres de la ramée de cét arbre ordonnée au sommet du rouleau par sa proprieté demonstrée, on void la verité de cette proposition.

D'où suit aussi qu'autant de couples de droictes qui sont ordonnées à vn des poincts du bord de la coupe de rouleau, & qui passent aux deux poincts du mesme bord qu'y donne vne quelconque droicte d'vne quelconque ordonnance, donnent en la trauersale de cette ordonnance autant de couples de nœuds d'vne inuolution.

Il seroit long d'assembler icy non pas toutes, mais seulement les proprietez qui s'offrent à la foule, communes à toutes les especes de coupes de rouleau, & suffira d'en dire seulement quelques vnes des plus éuidentes, & qui seruent de moyen à découurir les moins éuidentes.

Cependant on remarquera qu'entre les deux especes de conformation d'arbre il y en a vne troisiesme en laquelle de chaque couple de nœuds, tousiours vn est vny à la souche, ou l'entendement demeure court de mesme qu'en plusieurs autres circonstances, & cette espece de conformation d'arbre est mytoyenne entre les autres deux à souche engagée & souche dégagée.

Quand vn etrauersale est à distance infinie tout en est inimaginable.

Quand elle est à distance finie, ou bien elle rencontre, ou bien elle ne rencontre pas le bord de la figure.

Quand elle le rencontre, c'est ou bien à deux poincts desvnis, ou bien à deux poincts vnis, en vn auquel elle touche la figure.

Quand elle ne le rencontre pas, l'arbre qu'y constituent les buts des ordonnées & leurs trauersales, est d'espece à souche engagée.

Quand elle le rencontre en deux poincts desvnis, cét arbre est d'espece à souche dégagée.

Quand elle le rencontre à deux poincts vnis en vn, c'est à dire qu'elle touche la figure, cét arbre est de l'espece mitoyenne, dont l'entendement ne peut comprendre comment sont les proprietez que le raisonnement luy en fait conclure.

Mais voicy dans vne proposition comme vn assemblage abregé de tout ce qui precede.

Estant donnée de grandeur & de position vne quelconque coupe de rouleau à bord courbe E, D, C, B, pour assiette ou base d'vn quelconque rouleau, dont le sommet soit aussi donné de position, & qu'vn autre plan en quelconque position aussi donnée coupe ce rouleau, & que l'essieu 4, 5, de l'ordonnance de ce plan de coupe auec le plan d'assiette ou base soit aussi donné de position, la figure qui vient de cette construction en ce plan de coupe est donnée d'espece & de position, chacune de ses diametrales auec leurs distinction de coniuguées & essieux, comme encore chacune des especes de leurs ordonnées & des touchantes à la figure, & la nature de chacune, leurs ordonnances, auec les distinctions possibles, sont donnez tous de generation & de position.

Car ayant par le sommet de ce rouleau mené vn plan paralel au plan de coupe, ce plan de sommet donne au plan de l'assiette du rouleau vne droicte N H, paralelle à la droicte 4, 5, laquelle N H, est trauersale d'vne ordonnance de droictes M L, B C, T V, dont le but F, est donné de position.

Et la droicte menée par le sommet du rouleau & ce but F, est l'essieu de l'ordonnance des plans qui engendrent les diametrales de la figure que cette construction donne au plan de coupe.

De plus ayant par chacun des poincts de la quelconque couple H, Z, qu'y donnent le quelconque but Z, d'vne ordonnance de droictes & leur trauersale H F, & par le sommet de ce rouleau mené deux droictes, les deux plans du sommet de ce rouleau & de chacune des droictes comme F Z, F H, donnent en la figure qui vient de cette construction au plan de coupe vne des couples de diametrales, qu'on nomme coniuguées, lesquels sont disposez entre eux comme les deux droictes du sommet du rouleau & de chacun des poincts Z, H, sont disposées entre elles, & les mesmes droictes du sommet du rouleau & des poincts Z, H, sont les essieux de deux ordonnances de plans qui engendrent au plan de coupe chacune vne ordonnance de droictes reciproquement ordonnées ou coniuguées entre elles, ensemble les touchantes possibles à la figure à distãce ou finie ou infinie aux points que le bord donne à ces diametrales coniuguées, où l'on void que les droictes nommées *Asymptotes*, ou qui ne rencontrent le bord de la figure à aucune distance finie, y tiennent lieu tout ensemble & de diametrales de la figure, & de touchantes à ses bords à distance infinie, Toutes lesquelles choses sont éuidentes du paralelisme d'entre les plans de coupe & du sommet, & de la proprieté d'vne ramée d'arbre ordonnée au sommet du rouleau. *Noms imposez.*

Pour vne commodité dans cette matiere, on pourroit encore accommoder & mettre en premices trois autres propositions.

L'vne qui comprenne les 17. & 18. du 5. des Elemens d'Euclide.

L'autre qui comprenne la 19. & quelques autres du mesme liure.

L'autre qui comprenne les 47. du premier, & les 12. & 13. du second des mesmes Elemens.

Neantmoins de ce qui est icy, l'on void desia bien éuidemment plusieurs proprietez communes à toutes les especes de coupe de rouleau.

Comme entre autres, que sur la quelconque de ces coupes de rouleau peut estre construit vn rouleau qui sera coupé selon quelconque espece de coupe donnée.

Et que quand aux deux poincts que le bord d'vne coupe de rouleau donne à la quelconque de ses diametrales, passent deux droictes du corps des ordonnées, autrement *Ordinales*, de ce diametre, & qu'vne autre quelconque droicte touche ailleurs à cette coupe, les deux pieces de ces deux ordonnées, autrement *Ordinales*, contenuës entre cette diametrale & cette autre touchante, contiennent vn rectangle tousiours d'vne mesme grandeur, en ce qu'vne autre mesme grandeur à tousiours vne mesme raison à chacun d'eux. Ordinales.

Et que les rectangles des deux pieces de la quelconque des ordonnées à vne diametrale d'hyperbole contenuës entre l'vn des points qu'y donne le bord de la figure & chacun des points qu'y donnent les deux asymptotes au non touchantes à aucune distance finie, sont aussi tous d'vne mesme grandeur veu qu'vne autre mesme grandeur à tousiours mesme raison, à chacun d'eux ausquelles deux choses il y aura cy apres vne espece de demonstration appropriée.

Quand quatre poincts C G, B H, sont deux couples de nœuds d'vn arbre H B, dont la souche est A, que la piece du tronc contenuë entre les quelconques de ces deux nœuds est diametre d'vn cercle, & la piece contenuë entre les autres deux nœuds restans est diametre d'vn autre cercle, les bords de ces deux cercles donnent en quelconque autre droicte, ordonnée à cette souche A, deux semblables couples de nœuds aussi d'vn arbre qui a la souche A, commune auec cét arbre H B. Souche *commune à plusieurs arbres.*

Dont la Demonstration familiere enfleroit inutilement ce Broüillon.

Outre qu'au lieu de cercles il peut y auoir sur les mesmes pieces d'entre les deux mesmes de ces quatre nœuds C G, B H, deux quelconques autres coupes de rouleau disposez en certaine façon que leurs bords operent la mesme chose que ceux des cercles éuidemment, au moyen d'vne ramée de cét arbre H B.

Et quand en vne inuolution de quatre poincts H, G, B, F, en vn tronc B H, les deux brins tels que G F, & B H, contenus entre les deux nœuds correspondans entre eux, sont chacun diametre d'vn cercle.

Les bords de ces deux cercles donnent en quelconque autre droicte qu'ils rencontrent ordonnée à la quelconque des deux souches reciproques L, & A, de cette inuolution H, G, B, F, chacun deux poincts aussi correspondans entre eux d'vne semblable inuolution de quatre points, ayans pour souche celle des deux souches reciproques, à laquelle, comme but, cette droicte est ordonnée auec ce tronc B H.

Et si à ces brins G F, B H, au lieu de deux cercles il y a deux coupes de rouleau quelconque disposées, en certaine position, leurs bords operent le semblable que les bords des cercles.

Et quand en vn tronc B H, quatre poincts H, G, B, F, sont en inuolution, que le brin tel que F G, somme de deux des branches moyennes de l'arbre A F, A G, est diametre d'vn cercle & que la quelconque A H, ou A B, de deux des branches extrémes d'vne couple du mesme

Noms impo-sez.

arbre est aussi diametre d'vn cercle, & qu'au nœud extréme de l'autre restante de ces deux branches extrémes passe vne droicte du corps des ordonnées, autrement vne ordinale, à cette commune diametrale de ces deux cercles.

Cette ordinale donne en quelconque autre droicte ordonnée auec cette diametrale à la souche A, comme but, vn poinct couplé au poinct qu'y donne le bord du cercle sur la branche extréme, en inuolution, auec les deux poincts qu'y donne le bord du cercle sur la somme des deux branches moyennes, dont la figure est aisée à conceuoir pour la descrire, ou la demonstration est éuidente de ce qui est dit.

Et au lieu de deux cercles s'il y a deux autres coupes de rouleau disposées en certaine façon, la mesme chose aduient, dont vne ramée fait voir la verité.

Il y a plusieurs semblables proprietez commune à toutes les especes de coupe de rouleau, qui seroient ennuyeuses icy.

La circonstance qui suit pouuoit estre cy deuant en la proposition de quatre bornes au bord d'vne quelconque coupe de rouleau, mais pour des considerations elle est separée en ce Broüillon.

Quand en vn plan vne droicte P H, comme tronc, rencontre en L, & M, le bord d'vne quelconque coupe de rouleau B, C, D, E, que deux autres droictes paralelles entre elles B C, D E, comme rameaux rencontrent en B C, & D E, le bord de la mesme figure B C D E, & aussi le tronc P H, en K, & I, qu'au quelconque des poincts L, que le bord de cette figure donne au tronc passe vne autre droicte L, R, S, qui donne les poincts R, & S, à ces deux rameaux B C, D E.

Le rectangle des deux brins tels que K S, & K M, est au rectangle des brins tels que K D, K E, en mesme raison que le rectangle comme I R, I M, relatif du rectangle K S, K M, est au rectangle comme I C, I B, relatif du rectangle K E, K D.

Tellement que si la droicte L R S, est posée de façon que le quelconque rectangle des deux brins tels que K S, K M, soit égal au rectangle tel que K D, K E, aussi le quelconque autre rectangle comme I R, I M, est égal au rectangle comme I C, I B, de maniere qu'ayant de l'autre poinct comme M, que le bord de la figure donne encore au tronc, menée vne droicte M T, d'vne mesme ordonnance auec ces deux rameaux paralels entre eux B C, D E, qui donne le poinct T, en la droicte comme L, R, S.

Le rectangle de la couple quelconque de brins pliez au tronc K L, K M, contenus entre vn des nœuds K, qu'y donne vn quelconque de ces rameaux deployez E D, & chacun des nœuds L, M, qu'y donne le bord de la figure, est à son gemeau le rectangle des brins deployez comme K E, K D, contenus entre le mesme nœud K, & chacun des poincts E D, qu'y donne le bord de la figure en mesme raison que le brin du tronc, comme M L, d'entre les deux nœuds qu'y donne le bord de la figure, est au brin deployé comme M T, de la droicte M T.

Costé droict, parametre, coadiuteur.

Que si le tronc P H, est diametrale de la figure, & les rameaux BC, DE, ses ordonnées, le brin deployé tel que M T, est la ligne nommée ailleurs *Costé droict, parametre*, & icy *coadiuteur*.

Car en prenant K M, pour commune hauteur des rectangles K L, K M, & K S, K M, & I M, pour commune hauteur des rectangles I L, I M, & I R, I M.

Le rectangle K L, K M, est au rectangle K S, K M, comme K L, est à K S, c'est à dire à cause du paralelisme d'entre les rameaux E D, B C, comme I L, est à I R.

Et le rectangle I L, I M, est au rectangle I R, I M, comme I L, est à I R, c'est à dire, à cause du paralelisme des rameaux E D, B C, comme K L, est à K S.

C'est à dire, que le rectangle K L, K M, est au rectangle K S, K M, comme le rectangle I L, I M, est au rectangle I R, I M.

Et alternement le rectangle K L, K M, est au rectangle I L, I M, comme le rectangle K S, K M, est au rectangle I R, I M.

Et il est demonstré que le rectangle K L, K M, est au rectangle I L, I M, aussi comme le rectangle K D, K E, est au rectangle I C, I B.

Partant le rectangle K S, K M, est au rectangle I R, I M, comme le rectangle KD, K E, est au rectangle I C, I B.

Et alternement, le rectangle K S, K M, est au rectangle K E, K D, comme le rectangle I R, I M, est au rectangle I C, I B.

Tellement que si le rectangle K S, K M, est égal au rectangle K E, K D, le rectangle I R, I M, est aussi égal au rectangle I C, I B.

Consequemment le rectangle comme K L, K M, est au rectangle comme K S, K M, ou à son égal le rectangle K E, K D, en mesme raison que K L, est à K S, c'est à dire, à cause du paralelisme d'entre les droictes K S, M T, comme M L, est à M T.

Par ainsi quand le tronc comme P H, est diametrale de la figure, & les rameaux E D, C B,

CB, sont ses ordonnées, le brin comme MT, est éuidemment cette ligne qu'on nomme *Costé droict, parametre*, ou *coadiuteur*, & qui n'est qu'vn cas d'vn cas d'vn cas. *Noms imposez.*

De ce qui est dit cy-deuant ou aura conceu que pour mener d'vn quelconque poinct vne droicte d'vne mesme ordonnance auec deux paralelles entre elles, cela s'entend que cette droicte soit menée aussi paralelle à ces deux, & de mesme que pour mener d'vn quelconque poinct vne droicte à vn poinct à distance infinie en vne autre droicte; cela s'entend qu'il faut mener cette droicte paralelle à celle où le poinct assigné est à distance infinie.

Encore que ce qui suit paroisse éuidemment des choses cy deuant demonstrées, neantmoins:

Quand en vn plan aux deux poincts B, & C, que le bord courbe d'vne quelconque coupe de rouleau donne en sa quelconque diametrale E7C, passent deux droictes EB, CD, chacune ordinalinale de cette diametrale E7C, qu'vne autre quelconque droicte LR, touche cette coupe de rouleau, en quelconque autre poinct L.

Le rectangle est tousiours d'vne mesme grandeur, des deux pieces de ces ordinales EB, CD, contenuës entre leur diametrauersale E7C, & les poincts B, & D, que leur donne cette autre quelconque LR, touchante à la figure.

Car puis que les deux droictes diametrale E7C, & touchante LR, sont données de position en vn plan, le but A, de leur ordonnance est aussi donné de position.

Et ayant par le poinct L, menée LIM, trauersale des ordonnées au poinct A, & qui donne encore le poinct M, au bord de la figure.

Dautant que la droicte E7C, est diametrale de la figure, cette trauersale LIM, est ensemble auec les deux EB, CD, ordonnée de cette diametrale E7C.

Par le poinct 7, qui mypartit la piece EC, de cette diametrale E7C, soit menée encore vne autre droicte 7R, ordonnée aussi de cette diametrauersale E7C, & qui donne le poinct R, en la touchante LR, le but de ces quatre ordonnées EB, CD, IK, 7R, est à distance infinie veu leur diametrauersale E7C.

Soit encore menée la droicte CGF, qui donne en EB, le coadiuteur EF.

Il est demonstré que les quatre poincts CIEA, sont en inuolution & que 7, est souche d'vn arbre dont E, E, C, C, & I, A, sont des couples de nœuds.

Et que A, est souche commune à trois arbres dont EC, 7I, BD, LR, HN, & MP, sont des couples de nœuds.

Et que les quatre pieces CD, 7R, IL, EB, & encore les quatre CH, 7P, IM, & EN, sont deux à deux proportionnelles en mesme raison que les que les quatre AC, A7, AI, AE, & leurs semblables AH, AP, AM, AN, sont entre elles.

Donc le rectangle des deux branches A7, AI, est au rectangle de sa mesme hauteur AI, AI, c'est à dire, la base ou branche A7, est à son accouplée la base ou branche AI, c'est à dire, le rectangle de la couple de brins égaux entre eux & pliez 7C, 7E, est à son relatif le rectangle des brins IC, IE, comme le rectangle 7R, IL, est au rectangle de sa mesme hauteur IL, IL, ou à son égal le rectangle de la couple de brins égaux & deployez IL, IM.

Et en changeant le rectangle de la couple de brins égaux entre eux & pliez 7C, 7E, est au rectangle 7R, IL, ou à son égal le rectangle EB, CD, comme le rectangle des brins pliez IC, IE, est à son gemeau le rectangle des brins deployez IL, IM, c'est à dire, comme la piece telle que EC, de la diametrale E7C, est à la piece telle que EF, de son ordinale telle que EB.

Partant vn mesme rectangle des pieces égales comme 7E, 7C, de la diametrale E7C, a mesme raison à chacun des rectangles des pieces de ses deux ordinales EB, CD, contenuës entre ses deux poincts comme E, & C, & la quelconque droicte LRBD, qui touche la figure en quelconque poinct L.

Et d'autant que 7, mypartit la piece comme EC, de la diametrale E7C, le rectangle des pieces égales 7E, 7C, est le quart du rectangle de EC, EC, ou quarré EC.

Et comme EC, est à EF, ainsi le rectangle EC, EC, ou quarré EC, est au rectangle EC, EF, de sa mesme hauteur EC, & de mesme le rectangle 7E, 7C, quart du rectangle EC, EC, est au quart du rectangle EC, EF.

Donc le rectangle 7E, 7C, à mesme raison & au quart du rectangle des pieces, comme EC, & EF, & au rectangle des pieces, comme EB, CD, consequemment le rectangle EB, CD, est égal au quart du rectangle des pieces comme EC, EF.

Et par vne conuerse éuidente de ce qui a esté demonstré, quand la diametrale comme E7C, est le grand des essieux de la figure, le brin comme BD, est diametre d'vn cercle dont la circonference passe en deux poincts comme Q, & P, de façon que le rectangle des pieces de cette diametrale E7C, contenuës entre le quelconque de ces points P, & chacun des points comme E, & C, qu'y donne le bord de la figure, est encore égal au quart du rectangle EC, EF, &

Noms impo-
sez.

la piece comme E C, est égale à la somme ou à la difference des deux droictes menées du poinct d'attouchement comme L, à chacun de ces poincts comme P, & Q. sçauoir à la somme ou à la difference des deux droictes menées comme LP, LQ, & la touchante LD, mypartit vn des angles que ces deux droictes menées comme Q L, P L, font entre elles.

C'est à dire, que ces deux poincts comme Q, & P, sont les poincts nommez *Nombrils*, *brustans*, ou *foyerz*, de la figure.

Et particulierement en la coupe de rouleau nommée hyperbole, où les asymptotes 7 X, 7Y, sont deux touchantes à la figure à distance infinie.

Ayant menez les deux asymptotes X7Q, H7Y, pour touchantes à distance infinie, des choses qui precedent, on verra que les pieces de la droicte IM, contenuës reciproquement entre le bord de la figure L, & M, & chacune des deux asymptotes sont égales entre elles, c'est à dire, que IL, & IM, sont égales entre elles, & IS, IT, sont égales entre elles, & consequemment LS, MT, égales entre elles, & MS, LT, égales entre elles.

Et en suitte, que le rectangle des pieces d'vne diametrale E7C, contenuës entre son ordonnée des attouchemens à la figure par ces assymptotes à distance infinie, & chacun des poincts comme E, & C, qu'y donne le bord de la figure est au rectangle des brins déployez de cette ordonnée ainsi à distance infinie contenus entre cette diametrale E7C, & les deux poincts qu'y donne le bord de la figure, en mesme raison que le rectangle comme IE, IC, est au rectangle comme IL, IM, c'est à dire, comme EC, est à EF, c'est à dire, comme le rectangle des pieces égales entre elles 7E, 7C, est au rectangle des pieces égales entre elles EX, CQ, des droictes EB, CD, ordinales de cette diamterale E7C, & contenuës entre elle& la quelconque touchante à distance infinie X7Q.

C'est à dire que, comme le quarre E7, est au quarré EX, c'est à dire, comme le quarré I7, est au quarré IS. ainsi le rectangle des brins pliez IE, IC, est au rectangle des brins égaux & déployez IL, IM.

Or des propositions qui comprennent les 5. & 6. & les 9. & 10. du second des Elemens d'Euclide.

Il est éuident que le rectangle IE, IC, plus le quarré E7, est égal au qaurre I7.

Et que le rectangle LS, LT, plus le quarré IM, est égal au quarre IS.

Partant puis que comme le quarre I7, est au quarré IS, ainsi le rectangle IE, IC, est au quarré IM, suit que le restant quarre 7E, est au restant rectangle LS, LT, comme le rectangle IE, IC, est au rectangle IL, IM, c'est à dire, comme EC, est à EF.

D'où suit qu'en quelconque part que soit menée vne droicte comme LIM, ordonnée à vne diametrale comme E7C, le rectangle des deux pieces de cette ordonnée contenuës entre l'vn des poincts L, qu'y donne le bord de la figure & chacune des deux asymptotes, est tousiours d'vne grandeur mesme & égale au quart du rectangle des deux pieces comme EC, & EF, coadiuteur.

Quand deux cones se touchent en vne droicte c'est ou par le concaue de l'vn, & par le conuexe de l'autre, ou par le conuexe des deux, & cette droicte est en vn plan qui joint ou touche en elle chacun de ces deux cones, lesquels donnēt au plan de coupe qui est paralel à ce plā ainsi joint deux paraboles à commun essieu, & dont les bords ne se touchent à aucune distance finie & donnent en tout autre plan de coupe deux figures, dont les bords se touchent à distance ou finie, ou infinie.

Quand deux cones se touchent en deux droictes separées & desvnies c'est en chacune de ces droictes, ou bien par le connexe de l'vn & par le concaue de l'autre, ou bien par le connexe de chacun d'eux, & chacune de ces droictes est en vn plan qui touche à chacun de ces deux cones, lesquels donnent deux paraboles qui se touchent en vn poinct au plan de coupe paralel au quelconque de ces plans joignans ou touchans, & en tout autre plan ils donnent deux figures dont les bords se touchent en deux poincts à distance ou finie ou infinie.

Quand ces deux cones se touchent par le concaue de l'vn, ces deux figures se touchent par le concaue de l'vne.

Quand ces deux cones se touchent par le connexe de chacun d'eux, ces figures se touchent par le connexe de chacune d'elles.

Et quand le plan de coupe est paralel au plan des deux droictes ausquelles ces deux cones se touchent, il y vient deux hyperboles, ou l'vne dans l'autre, ou l'vne hors de l'autre, & qu'on nomme coniuguées, ayans les vnes & les autres mesmes asymptotes, & dont les bords ne se rencontrent à ancune distance finie, ou autrement se rencontrent à distance infinie, & l'on peut voir les proprietez de cét éuenement par ce qui est deduit, comme encore en combien de manieres, & comment les bords de deux coupes quelconques de cone se peuuent rencontrer.

Quand vne boule & vn plan sont chacun immobile, ce plan à l'égard de cette boule est trauersal d'vne ordonnance de droictes dont le but est donné de position, & le but en estant donné, la position de ce plan est donnée, le tout des choses cy deuant. [illegible]

Et quand plusieurs droictes ayans chacune vn poinct immobile en ce plan, se meuuent alentour de cette boule, les plans des cercles qu'elles y descriuent sont trauersaux chacun des droictes ordonnées au poinct immobile de la droicte qui le descrit, & s'entrecoupent tous au but des ordonnées de ce premier plan,

Semblable proprieté se trouue à l'égard d'autres massifs qui ont du rapport à la boule, comme les ouales, autrement elipses, en ont au cercle, mais il y a trop à dire pour n'en rien laisser.

Quand au plan d'vne quelconque coupe de rouleau 5 Y 8 G H, en la quelconque droicte A F, des ordonnées d'vne trauersale A V, le poinct trauersal A, est couplé au but F, de ces ordonnées en inuolution auec deux quelconques autres poincts X, Q, lesquels soient considerez pour les deux nœuds moyens doubles de l'inuolution, chacune des couples de rameaux de cét arbre qui passent aux couples de nœuds extrémes de cét arbre, comme F H, A H, & R G, Z G, déployez à ce tronc X Q, & ordonnez à des buts H, & G, au bord de la figure, & desquels vn en chaque couple comme H A, & G Z B, touche la figure, chacune dis-ie des semblables couples de rameaux donne en cette trauersale V A, vne des couples de nœuds D A, E B, d'vn mesme arbre dont la souche C, est en vne mesme droicte auec les deux souches 7, & P, du tronc 5 7 8, des mesmes ordonnées au but F, qui est diametral de la figure, & cét autre tronc A F.

Or en premier lieu de l'hypothese & de ce qui est icy demonstré en la droicte 7, F, T, diametrale de la figure, & des ordonnées au but F, le poinct trauersal T, est couplé au but de l'ordonnance F, en inuolution auec les deux poincts 5 8, qu'y donne le bord de la figure, & le brin 5 8, estant mypart, en 7, ce poinct 7, est souche en l'inuolution de ces quatre poincts 5, F, 8, T.

Semblablement ayant en P, myparty le brin X, Q, de l'inuolution des poincts X F Q A, ce poinct P, est souche de cette inuolution,

Il est dauantage manifeste des choses cy deuant demonstrées que les poincts X, & Q, sont tous deux où bien au bord de la figure, où bien comme icy d'vne mesme part, hors du bord de la figure, sçauoir est tous deux ou de la part du concaue, ou de la part du connexe.

Et que quand ils sont au bord de la figure, la droicte P C, menée par ces deux souches 7, & P, est ordonnée en vn poinct de la trauersale A V, auec la droicte H, F, D, qui lors est trauersale des ordonnées au but A, lequel est en la droicte A F, & en la mesme trauersale A T, & qu'ainsi ces deux poincts E, & D, sont alors vnis en vn seul & mesme poinct en cette trauersale A V, partant hors ce cas là ces deux poincts C, & D, sont en la mesme trauersale A, V, desvnis entre eux.

Semblablement & par mesme raison au mesme cas des deux poincts X, & Q, au bord de la figure, la mesme droicte 7, P, C, est encore ordonnée en vn poinct de la mesme trauersale A V, auec la droicte G R E, laquelle alors est trauersale des ordonnées au but Z, qui est en la droicte A F, & qu'ainsi ces deux poincts C, & E, sont alors vnis en vn seul & mesme poinct en cette trauersale A V, partant hors ce cas là ces deux poincts C, & E, sont en la mesme trauersale A, V, desvnis entre eux.

D'où il est éuident qu'en vn mesme des autres deux cas les poincts comme D, & E, sont tous deux tousiours d'vne mesme part du poinct comme C, c'est à dire, que le poinct comme C, est semblablement engagé ou desgagé à chacune des deux couples de poincts D A, & E B.

Donc ayant mené la droicte G F, qui donne les poincts Y, au bord de la figure, & V, en la trauersale A V.

Les droictes 7 D, & 7 B, qui donnent les poincts M, & L, aux droictes G F, & A F, la droicte F N, paralelle à la trauersale A V, & qui donne les poincts K, N, I, aux droictes 7 B, G R E, & G B.

La droicte I, 3, paralelle à la droicte B 7, & qui donne le poinct 3, en la droicte G F.

La droicte L, M, qui donne le poinct O, en la droicte 7 P C.

Et finalement la droicte E P, ordonnée où que ce soit auec la droicte G F.

Maintenant le moyen ou l'ordre de cette Demonstration generale par le plan, à laquelle Monsieur Pujos à tres bonne part, est diuisé comme en deux circonstances : dont,

La premiere est de demonstrer que la droicte L M, est paralelle à la trauersale A V,

Et la deuxiesme est de demonstrer que la droicte E P, est ordonnée au but M, ensemble auec les trois droictes F V, 7 D, L M.

Cela fait, on en conclud briefuement ce que dit la proposition, assauoir, que les rectangles contenus de chacune des couples de branches C D, C A, & C E, C B, sont égaux entre eux,

Noms impo-sez.

Touchant la premiere de ces circonstances que LM, est paralelle à la trauersale AV.

Cy deuant il est demonstré que le brin 7T, est au brin 7F, en raison mesme que la composée des raisons du brin DT, au brin DV, & du brin MV, au brin MF.

Et par vn semblable raisonnement le mesme brin 7T, est au mesme brin 7F, en raison composée des raisons du brin BT, au brin BA, & du brin LA, au brin LF.

Ainsi la raison composée des raisons de } DT, à DV, & de MV, à MF.
Est la mesme que la composée des raisons de } BT, à BA, & de LA, à LF.

Or il est demonstré que la raison de DT, à DV, est la mesme que de BT, à BA.

Donc la restante raison de MV, à MF, est aussi la mesme que de LA, à LF.

Partant les deux droictes LM, & AV, sont paralelles entre elles.

Touchant la deuziesme de ces deux circonstances que la droicte EP, est ordonnée au but M, ensemble auec les trois droictes LM, FV, 7D.

L'on y paruient ayant premierement demonstré que le rectangle des pieces VE, & FK, est égal au rectangle des pieces FI, & FN, en cette maniere.

De l'hypothese & de la construction, il est euident qu'en la droicte GF, les quatre poincts G, F, Y, V, sont en inuolution, dont S, est souche, & SY, SY, SG, SG, chacune vne couple de branches moyennes, & SV, SF, vne couple de branches extrémes.

D'où suit que comme GV, est à GF, ainsi SG, est à SF.

Et à cause du paralelisme d'entre FN, & AV, & d'entre B7, & I3.

Comme GV, est à GF, ainsi VE, est à FN, & GB, est à GI, & GS, est à G3.

D'où suit que G3, est égale à SF, & F3, égale à GS, & qu'ainsi aussi F3, est à FS.

Mais comme F3, est à FS, ainsi aussi FI, est à FK.

Partant VE, est à FN, comme FI, est à FK.

Consequemment le rectangle des deux extrémes VE, FK, est égal au rectangle des moyennes FN, FI.

Dauantage, de la construction le poinct P, est souche en l'arbre XQ, dont PA, PF, & PZ, PR, sont deux couples de branches extrémes.

Ainsi la branche PA, est à son accouplée la branche PF, comme le rectangle des brins AR, AZ, est à son relatif le rectangle des brins FR, FZ, c'est à dire, en raison mesme que la composée des raisons de RA, à RF, ou de son égale la raison de EA, à FN, & de ZA, à ZF, ou de son égale la raison de AB, à FI, c'est à dire, que la branche PA, est à son accouplée la branche PF, comme le rectangle des pieces AE, AB, est au rectangle des pieces FN, FI, ou à son égal le rectangle des pieces EV, FK, sçauoir en la raison mesme que la composée des raisons de EA, à EV, & AB, à FK, ou de son égale la raison de LA, à LF, ou de son égale la raison de MV, à MF, c'est à dire, que le brin PA, est au brin PF, en raison mesme que la composée des raisons du brin EA, au brin EV, & du brin MV, au brin MF.

Et par la conuerse d'vne cy dessus, les trois nœuds P, M, E, sont en vn mesme trone PE, c'est à dire, que le poinct M, est en la droicte EP, c'est à dire que la droicte EP, est ordonnée au but M, ensemble auec les trois droictes LM, 7D, & SV.

Voila comment la droicte LM, est paralelle à la trauersale AV, & comment les trois poincts EMP, sont en vne mesme droicte.

A cause dequoy finalement comme } OL, est à OM, ainsi CA, est à CE.
Et semblablement comme } OL, est à OM, ainsi CB, est à CD.

Partant CA, est à CE, comme CB, est à CD.

Consequemment le rectangle de la couple de branches CA, CD, est égal au rectangle de la couple de branches CE, CB.

Et ainsi en la trauersale AV, chacune des couples de poincts AD, & EB, sont vne des couples de nœuds d'vn arbre où le poinct C, que donne la droicte 7P, est souche.

D'où il est éuident que quand les deux poincts comme XQ, sont hors du bord de la figure de la part du conceaue, l'arbre que donne cette construction en la tranersale comme A, V, est à souche engagée.

Quand ils sont de la part du conuexe cét arbre est à souche degagée.

Et quand ils sont au bord de la figure cét arbre est de l'espece mitoyenne.

Or de ce qui est demonstré cy deuant, il s'ensuit que cette quelconque coupe de rouleau 5Y8, estant assiette ou base d'vn cone dont le sommet soit éloigné de la souche C, perpendiculairement à la trauersale AV, de l'interuale de l'vne des branches moyennes de l'arbre que cette construction y donne, & en vn plan paralel à vn autre plan qui coupe ce cone.

Les deux droictes menées par le sommet de ce cone, & chacun de ces poincts X, & Q, quand ils sont hors le bord de la figure de la part du conceaue, donnent en la figure de coupe qui vient de cette position du plan de coupe, les deux poincts qu'on nomme *nombrils*, *bruslans*, autrement *foyers* de la figure.

De

De façon qu'estant pour assiette d'vn cone, donnée de position vne quelconque coupe de rouleau à bord courbe, & en son plan vne droicte pour trauersale comme A V, & l'angle du plan de cette coupe auec le plan qu'y donne le plan du sommet & de cette trauersale, & en elle, ou bien la souche de l'arbre de cette construction comme icy le poinct C, ou bien deux couples des nœuds de cét arbre, ou bien hors d'elle vn poinct tel que P, ou bien vn des poincts tels que X, & Q, ou bien deux des couples de nœuds de l'arbre comme X Q. *Noms imposez.*

Le sommet de ce cone est donné de position, & le cone est donné d'espece & de position, la figure de coupe qu'y donne cette position de plan de coupe est donnée d'espece & de position, tous les diamettres coniuguez de la figure de coupe auec leurs distinctions, toutes les ordonnées & touchantes auec leurs distinctions, les costez coadiuteurs, le but de l'ordonnance de ses diametrales, & les poincts foyers, y sont donnez chacun de generation, d'espece, & de position.

Que si le sommet, l'assiette, la trauersale, & le plan de coupe sont donnez de position, tout le reste est donné semblablement de generation d'espece & de position.

Et en cette occasion se void vn particulier rapport de la ligne droicte auec la ligne circulaire, & les poincts de chacune d'elles qui ont rapport entre eux.

Et pour cét effect il ne faut sinon conceuoir que le tronc d'vn arbre se meut en vn plan ayant le poinct milieu d'entre deux nœuds couplez immobile, & considerer quelle espece de ligne alors trace chacun des nœuds ~~de cette~~ couple, on trouuera que quand ce poinct milieu est à distance finie, alors chacun de ces nœuds trace vne ligne courbée en pleine rondeur, autrement circulaire, & que quand ce poinct milieu est à distance infinie comme de la couple de nœuds dont l'extréme interieur est vny à la souche, & l'extréme exterieur est à distance infinie, alors ce tronc en se mouuant parallelement à soy mesme, le nœud extréme interieur vny comme il est dit, à la souche, trace vne ligne droicte perpendiculaire à ce tronc.

En laquelle droicte se trouuent pour cette circonstance les mesmes proprietez qu'aux lignes courbées en pleine rondeur ou poincts que tracent les nœuds de chacune des autres couples.

Et cette seule proposition fourniroit de matiere pour vn liure entier à qui voudroit en bien éplucher toutes les consequences euidentes de ce qui est demonstré cy-deuant.

Où l'on void encore diuers moyens de décrire chacune des especes de coupe de cone par des poincts, & diuerses façons d'instrumens pour les tracer toutes, à conter du poinct, suiuant par la ligne droicte à chacune de ces courbes, soit au moyẽ de la proprieté du coadiuteur, soit au moyen des proprietez des foyers, ainsi que Monsieur Chauueau depuis peu de iours en a conçeu vn bien simple & d'autant plus gentil, mais il y auroit bien à faire à escrire tout ce qui depend de ce qui est icy demonstré.

Pour n'oublier les propositions articulées au bas de la deuxiesme page, & qui doiuent preceder tout le reste, voicy comment elles peuuent estre énoncées sur les simples droictes de la stampe.

Quand vne droicte A H, est coupée en quelconque poinct B, le rectangle de la somme ou agregé de la toute A H, auec la quelconque de ses parties A B, c'est à dire, de H F, en l'autre partie H B, plus le quarré de la partie adioustée A B, sont ensemble égaux au quarré de la toute A H, ce qui comprend les 5. & 6. du 2. des Elemens d'Euclide.

Quand vne droicte A H, est coupée en quelconque poinct B, le quarré de la somme ou agregé de la toute A H, auec la quelconque de ses parties A B, c'est à dire le quarré de H F, plus le quarré de l'autre partie H B, sont ensemble doubles des quarrez de la toute A H, & de sa partie adioustée A B, ce qui comprend les 9. & 10. du 2. des Elemens d'Euclide.

Les demonstrations de chacune de ces propositions & de leurs conuerses, concluantes à ce que A, mypartit F H, sont éuidentes.

Quand en vn plan, deux droictes d'vne mesme ordonnance rencontrent vn mesme cercle les rectangles sont égaux entre eux des pieces de chacune de ces deux droictes contenuës entre le but de leur ordonnance, & chacun des deux poincts qu'y donne le bord du cercle, ce qui comprend les 35. & 36. du 3. des Elemens d'Euclide.

Et la demonstration en est euidente des precedentes, en menant la droicte d'vne mesme ordonnance de ces deux & diametrale au cercle, puis les diametrales du cercle perpendiculaires à chacune de ces deux droictes, où l'on verra que la touchante, quand il y en eschet, se trouue comprise en la demonstration au nombre des ordonnees, & que quand le but de l'ordonnance de ces droictes est au bord du cercle, l'entendement s'y trouue court, & qu'on peut y faire vne espece de conuerse.

Il y a telle des propositions icy demonstrées, ou telle des consequences qui s'en ensuiuent, laquelle comprend ensemble plusieurs des propositions des coniques d'Apolonius, mesme de la fin du troisiesme liure. Et apres les lemmes ou premices, quatre de ces propositions contiennent la disection entiere du cone par le plan.

Et comme quand vne droicte ayant vn poinct absolument immobile se meut en vn plan, vn quelconque de ses autres poincts qui se meut simplement auec elle trace vne ligne simple & vni-

Noms imposez.

forme droicte ou circulaire; on peut conceuoir que cét autre poinct outre le mouuement que cette droicte luy donne se meut encore d'vn autre mouuement allant & venant au long de cette droicte, en façon qu'il trace le bord d'vne quelconque autre espece de coupe de rouleau.

Du contenu dans ce Brouillon il resulte que,

Touchant la Perspectiue.

Des droictes sujet d'vne quelconque mesme ordonnance, les apparences au tableau plat sont droictes d'vne mesme ordonnance entre elles & celle de l'ordonnance des sujets qui passe à l'œil, laquelle est l'essieu de l'ordonnance d'entre les plans de l'œil & de chacune de ces droictes sujet.

Touchant les Monstres de l'heure au Soleil.

En quelconque surface plate les droictes des heures sont d'vne mesme ordonnance entre elles & l'essieu de l'ordonnance d'entre les plans qui donnent la diuision de ces heures.

Touchant la coupe des Pierres de taille.

En vne mesme face de mur les arestes droictes des pierres de taille sont communement d'vne mesme ordonnance entre elles & l'essieu de l'ordonnance d'entre les plans des joincts qui passent à ces arestes.

Et les diuers moyens de practiquer chacune de ces choses en sont éuidents.

Ceux qui ne trouueront pas icy toutes les propositions dont ils peuuent auoir eu cy-deuant communication, iugeront bien que le volume en seroit excessif.

Quiconque verra le fonds de ce Brouillon est inuité d'en communiquer de mesme ses pensées.

L. S. D.

ADVERTISSEMENT.

AFIN de remplir, corriger, & reformer en ce Broüillon les obmissions & fautes de l'impression & d'autre nature en y changeant, adioustant, ou rayant, Il y faut,

Page 1. *Ligne* 7. ensemble des si petites que leurs deux extremitez opposées sont vnies entre elles, 8. leurs inimaginables grandeur, 10. proprietez dont il est, 18. tendent comme toutes, 23. il est souuent icy dit, 32. de toutes parts au mesme plan, 36. tendent comme tous, 38. de position a icy nom *Essieu* de l'ordonnance, 40. tous ces plans sont, 41. dont l'essieu est, 44. dont l'essieu est, 45. quelconques plans sont, *& plus auant*, dont l'essieu est en, 47. en toute sa longueur.

Page 2. *Ligne* 2. *Rayer ces mots*, tousiours égalemēt éloignée du poinct immobile, 8. *Rayer ces mots*, tousiours également éloignée du poinct immobile, 11. 12. & 13. entre la ligne droicte infinie & la ligne courbée d'vne courbure vniforme, c'est à dire, le rapport d'entre la ligne droicte infinie & la circulaire, en façon qu'elles paroissent estre comme deux especes, 19. & 20 du tronc nommée *Rameau*, 20. *Rameaux paralels* entre eux, 22. *Tronc*, 25. autre rameau ou son nœud, *Apres* 26. *Par definition*, Plusieurs rameaux droicts déployez au tronc à l'aduenture, sont icy tous ensemble nommez *Rameure*. *Et par aduis, Tout ce qui iusque à la page* 10. *est cotté de* A B C D, *se rapporte aux lignes simples de la stampe*. 27. chacune de deux pieces, 39. hors d'entre les mesmes deux poincts, 50 chacun de ces poincts, 55. *En marge*, Couple de, 57. 58. & 59. Euclide & sa conuerse.

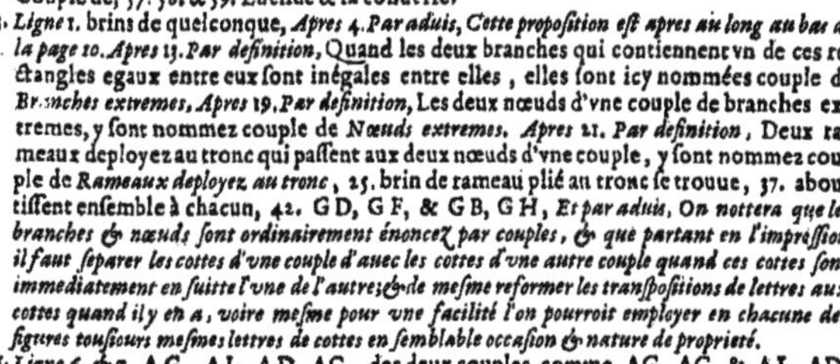

Page 3. *Ligne* 1. brins de quelconque, *Apres* 4. *Par aduis, Cette proposition est apres au long au bas de la page* 10. *Apres* 13. *Par definition*, Quand les deux branches qui contiennent vn de ces rectangles egaux entre eux sont inégales entre elles, elles sont icy nommées couple de *Branches extremes*, *Apres* 19. *Par definition*, Les deux nœuds d'vne couple de branches extremes, y sont nommez couple de *Nœuds extremes*. *Apres* 21. *Par definition*, Deux rameaux deployez au tronc qui passent aux deux nœuds d'vne couple, y sont nommez couple de *Rameaux deployez au tronc*, 25. brin de rameau plié au tronc se trouue, 37. aboutissent ensemble à chacun, 42. GD, GF, & GB, GH, *Et par aduis*, *On nottera que les branches & nœuds sont ordinairement énoncez par couples, & que partant en l'impression il faut separer les cottes d'vne couple d'auec les cottes d'vne autre couple quand ces cottes sont immediatement en suitte l'vne de l'autre; & de mesme reformer les transpositions de lettres aux cottes quand il y en a, voire mesme pour vne facilité l'on pourroit employer en chacune des figures tousiours mesmes lettres de cottes en semblable occasion & nature de proprieté.*

Page 5. *Ligne* 6. *&* 7. AG, AL, AD, AC, des deux couples, comme AG, AC, & AL, AD, 11. entre elles comme AG, AF, AD, AC, 16. cette souche A, aux nœuds de, 23. moyennes, & AF, AD, extremes, 31. AG, AC, & AF, AD, 37. brins couplez qu'elle porte GD, GF, 38. brins couplez qu'elle porte CD, CF, 55. Broüillon proiet & ces deux couples de branches moyennes ensemble ne donnent que les mesmes nœuds moyens d'vne seule d'elles, 57. que donne vne couple, 61. *&* 1. *de la page* 6. branches moyennes vne d'vne part & l'autre de l'autre part de la souche, chacune de ces branches moyennes donne au tronc de l'arbre vn de ces nœuds.

Page 6. *Ligne* 9. branches extremes d'vne, 30. est apetissée iusque, 44. & vne d'extremes BH.

Page 7. *Ligne* 28. AC, AG, AF, AD, l'vne d'vne part l'autre de l'autre part de la souche A, & vne couple de, 29. qu'il y a deux nœuds moyens, 40. BG, BC, gemeau du rectangle BF, BD, 49. & au cas de ces deux, 50. couples de branches ainsi moyennes, 54. à l'enuers, aussi FD, B, 56. *&* 57. l'éuenement de ces deux couples de branches ainsi moyennes auec.

Page 8. *Ligne* 10. dauantage en ce mesme cas les deux nœuds, 23. sçauoir est lors qu'en vne droicte vn poinct mypartit l'interuale d'entre deux autres poincts, 27. qui sont en ce cas chacun vn, 50. chacun des poincts H, & B, comme vn.

Page 9. *Ligne apres* 35. & alternement FH, est à FB, comme AF, ou son égale AG, est à AB, & ce qui s'en ensuit, 37. & des moyennes FA, BH, 43. dauantage FB, est à la moitié de FG, qui est FA, comme HB. 46. *&* 47. *Rayer ces mots superflus*, & HB, est à HC, comme FB, est à FA, moitié de FG, 51. *&* 52 *Rayer tout l'article entier superflu*.

Page 10. *Ligne* 8. FG, à FA, 10: *Il faut en cét article transporter le periode*, ou qui est mesme chose *auant le periode*, Donc aussi la raison, 16. est egale à la moyenne AC, 18. comme BH, BG, BF, BA, 32. XY, font comme vne inuolution, 34. font encore comme vne inuolution. *Et par aduis, En cette seule occasion sans le tirer à consequence, deux couples de nœuds moyens simples sont comprises en ce mot*, inuolution, 36. font comme vne inuolution, 38. est souche aux couples de nœuds moyens, 52. *Par aduis, Cette proposition est de la figure I.* 54. du quelconque de ces rameaux : *Et par aduis, En vne mesme figure il y a quelquesfois des lettres en cotte de mesme nom & d'especes diuerses, & qui se rapportent de l'impression à la stampe : mais generalement tous les* K, *doiuent estre de capitales.* 61. donne le poinct F, à ce rameau.

Page 11. *Ligne* 6. & ce qui en depend où l'entendement ne void goutte, 9. *Par aduis, Cette proposition est de la figure II.* 13. menée conuenablement en leur plan vne de trois couples, 23. que le tronc GH, 26. d'entre le tronc GH, 56. à son relatif le rectangle FC, FG.

Page 12. *Ligne*, 32. *Par aduis, Cette proposition est de la figure III.* 47. infinie, 52. donc le rameau DK.

Page 13. *Ligne* 2. perpendiculaire à ce rameau GK, 22. deux comme BK, & GK, sont, 24. autre droicte BDFG, menée. *Et par aduis, Quelquefois vn seul & mesme poinct en represente quatre en inuolution.* 26. quand en vn plan, vne droicte, 33. de ce triangle BG*h*, & la, 35. ce qui, pour la premiere partie, est éuident, 39. & pour la seconde partie, en menant, *Apres* 41. *Par aduis*, Alors qu'vne droicte FGB, coupe en la droicte *hf*, vne piece comme G*f*, égale à la piece comme *hf*, costé d'vn triangle comme *hf*K, cela s'appelle icy, que cette droicte FGH, double ce costé *hf*, de ce triangle *hf*K.

Page 15. *Ligne apres* 36. *Par aduis*, Les plus remarquables proprietez des coupes de rouleau, sont communes à toutes les especes & les noms d'*Ellipse*, *Parabole*, & *Hyperbole*, ne leur ont esté donnez qu'à raison d'euenemens qui sont hors d'elles & de leur nature. *Et par aduis, Cette definition est de la figure IIII. Apres* 44. *Par definition*, Le poinct qu'vne trauersale donne à son ordonnée y est nommé *Trauersal*. *Par definition*, Vne quelconque droicte du corps des ordonnées d'vne trauersale, & qui ne rencontre point, ou qui seulement touche la figure, est à l'égard de cette trauersale icy nommée *Ordinale*, à distinction de ses ordonnées qui trauersent la figure. *Par definition*, Toute droicte qui mypartit vne figure y est nommée *Diametrale* de cette figure, & *Diametrauersale*, eu encore égard à ses ordonnées.

Page 16. *Ligne apres* 3. *Par forme d'éclaircissemens, Quand en vn plan, aucun des poincts d'vne droicte n'y est à distance finie, cette droicte y est à distance infinie.*

Dautant qu'en vn plan le poinct nommé centre d'vne coupe de rouleau n'est qu'vn cas d'entre les innombrables buts d'ordonnances de droictes, il ne doit estre icy iamais parlé de centre de coupe de rouleau.

Dautant que toute droicte qui passe au sommet d'vn rouleau & au quelconque but d'ordonnance de droictes au plan de sa base, à vne proprieté commune auec celle qui passe au but des diametrales de la base de ce rouleau, iamais il ne doit estre icy parlé d'essieu de rouleau.

Les droictes paralelles entre elles sont chacune d'vne & d'autre part cottées d'vne mesme lettre, qui represente le but de leur ordonnance à distance infinie.

Ligne 48. est le but de ses *Ordonnées*, 49. toutes ses ordonnées ne, 54. contenuës entre le but de leur ordonnance & chacun des. 56. *Par aduis, Cette proposition est de la figure V.*

Page 18. *Ligne* 3. raison mesme que la composée des raisons, 6. raison mesme que la composée des raisons, 42. rouleau peut auoir, 44. donnée par vne, *Et par aduis, Droictes ordonnées à vn mesme tel but, c'est à dire, qui passent ou tendent ensemble à ce tel but*, 49. *Par aduis, Cette proposition est de la figure. VI.* 55. RO, PN, & BD, 56. contenuë entre les deux, *Par definition*, Deux droictes chacune paralelle à vn de deux diametres d'vne coupe de rouleau coniuguez entre eux, sont icy nommées *Coniugales* entre elles, 57. qu'y donnent ses coniugales.

Page 19. *Ligne apres* 26. car ayant mené les deux droictes ME, MC, veu le demy cercle elles sont perpendiculaires entre elles, partant elles mypartissent chacune vn des angles que les deux droictes MAL, MIX, font entre elles. 33. aussi rectangles CLH, & CPL, 58. ainsi le rectangle tel que BR, BP, est, 59. & ZI, B7, ou MP, MR.

Page 20. *Ligne* 5. & IA, IE, IC, I7, 10. est à son accouplée. *Par aduis, Cette proposition est de la figure IIII.* 35. & 36. de deux quelconques de ces couples de bornales, 53. poincts en inuolution F, Q, H, P.

Page 21. *Ligne* 10. de nœuds extrémes du mesme, 14. & conclure en autre façon, 18. au plan d'vne quelconque coupe, 24. à quelque but dont vne diametrale, autrement diametrauersale n'est qu'vn cas, 26. trauersale, dont le but des diametrales n'est qu'vn cas.

Page 22. *Ligne apres* 5. ou bien qu'ayant par vn quelconque poinct au bord d'vne coupe de rouleau mené à trauers la figure vne quelconque droicte comme trauersale, & vne autre au but des ordonnées de cette trauersale, cette autre droicte touche la figure, 10. à celuy de ses nœuds, *Apres* 21. Ou bien de ce que dessus la chose est euidente en quelconque diametrauersale, dont en suitte elle se conclud en quelconque autre droicte. *Apres* 25. *Et par conuerse,* Quand vne couple de rameaux déployez à ce tronc sont ordonnez à vn mesme poinct du bord de la figure, les autres deux poincts qu'ils y donnent encore, & le but des ordonnées de cette trauersale sont en vne mesme droicte, 28. à en découurir des moins éuidentes, 34. Quand vne trauersale, 47. *Par aduis, Cette proposition est de la figure IIII.* 61. coupe dont la droicte qui passe au sommet & au but des diametrales de la base du rouleau n'est qu'vn cas.

Page 23. Ligne 1. & 2. H Z, que donnent en cette trauersale N H, le quelconque but Z, 5. lesquelles sont disposées entre elles comme, 37. *Par aduis, Ce discours & les suiuans sont des lignes simples de la stampe*, 42. outre que A, ne demeurant pas souche, au lieu de cercles il peut, 54. & quelquesfois A, ne demeurant pas souche si à ces brins.

Page 24. Ligne 10. mesme ou semblable chose auient, 11. communes à toutes les. 20. *Par aduis, Cette proposition est de la figure V.* 21. rameaux déployez & paralels B C, D E, 35. de la figure, en mesme, 61. & que les rameaux E D.

Page 25. Ligne apres 2. cas d'vn cas, d'vn cas, & visible d'ailleurs en sa generation. *Par aduis, L'article suiuant seroit mieux cy deuant.* 9. *Par aduis, Cette proposition est de la figure VII.* 11. chacune ordinale de cette, 15. quelconque droicte L R, 16. que ces deux droictes, 23. ordonnée ou ordinale, 24 ordonnées ou ordinales E B, C D, I L, 7 R, *Apres 26. Par occasion,* Pour en la quelconque touchante E B, de la quelconque part E N, auoir le coadiuteur de la diametrauersale E 7 C, l'vn des moyens est de mypartir l'angle que ces touchante E N, & diametrauersale E C, font de cette mesme part sur la figure auec vne droicte E V, qui donne au bord de la figure encore le poinct V, puis mener vne autre droicte V C, qui donne le poinct F, en E N, & E F, est éuidemment ce coadiuteur, 28. H N, & M O, 30. C H, 7 O, I M, & E N, 31. raison que les quatre, 32. A H, A O, A M, A N, ou A D, A R, A L, A B, sont entre elles, 35. & pliez au tronc 7 C, 7 E, 58. le brin comme B D, de cette quelconque touchante L R, est diametre, 59. Q, & P, en la mesme diametrale & essieu C 7 E, de façon que.

Page 26. Ligne 1. est égale ou à la somme ou, 6. de la figure, au sujet desquels il y a beaucoup à dire, 9. ayant mené les deux asymptotes X 7 Z, & K 7 Y, 13. égales entre elles, éuidemment au moyen d'vne ramée, 15. par ces asymptotes, 20. E X, C Z, 22. X 7 Z, 28. égal au quarré I 7, 29. égal au quarré I S, 31. le restant quarré 7 E, 41. distance finie, mais se touchent à distance infinie. *Apres 59. Par éclaircissement,* Ayant conceu que c'est qu'vne droicte trauersale des droictes d'vne ordonnance, on conçoit aisément que c'est qu'vn plan trauersal aussi des droictes d'vne ordonnance en ce qui est des lieux à surface.

Page 27. Ligne 4. & 5. tous au but des, 6. d'autres massifs qui, 8. *Par aduis, Cette proposition est de la figure VIII.* 11. 12. 13. 14. & 15. chacune des couples de rameaux deployez à ce tronc X Q, qui passent à vne de ces couples de nœuds extrémes, ainsi que F H, A H, & R G, Z G, & sont ordonnez à des buts H, & G, au bord de la figure, en façon que l'vn des deux touche à cette figure, ainsi que H A, & Z G B, chacune dis-je des semblables couples de rameaux ainsi disposez donne en cette trauersale V A, vne, 18. figure & de cét autre tronc A F, 19. icy demonstré, en la, 20. figure & du corps des ordonnées, 32. ces deux poincts C, & D.

Page 28. Ligne 35. c'est à dire, qu'au tronc E P, le brin P A.

Page 30. Ligne apres 3. Par definition, En cette maniere de traicter des coniques toute plate coupe de cone à bord courbe est également conceuë base de cone, *Par proposition,* Estant donnez de position en quelconque espece de base plate vn cone coupé d'vn autre plan, la position & l'essieu de l'ordonnance d'entre ces deux plans ; Au plan de cette base en la quelconque droicte qui luy touche la piece est donnée qui soustient l'angle fait au sommet du cone par autres deux droites, dont le plan engendre au plan de coupe le coadiuteur du diametre, de la figure qu'y donne cette construction, engendré par celuy des plans conuenables du sommet du cone, qui passe à ce poinct d'attouchement. Il y a bien encore des propositions à faire de toutes sortes en cette matiere aussi bien que de noms à imposer pour ceux à qui plaist ce diuertissement, *Par declaration de sentiment.* En Geometrie on ne raisonne point des quantitez auec cette distinction, qu'elles existent ou bien effectiuement en acte, ou bien seulement en puissance, ny du general de la nature auec cette decision, qu'il ny ait rien en elle que l'entendement ne comprenne, *A propos de la droicte infinie.* L'entendement se sent vaguer en l'espace duquel il ne sçait pas d'abord s'il continuë tousiours, ou s'il cesse de continuer en quelque endroit. Afin de s'en esclaircir il raisonne par exemple en cette façon ; Ou bien l'espace continuë tousiours, ou bien il cesse de continuer en quelque endroit ; s'il cesse de continuer en quelque endroit, ou que ce puisse estre, l'imagination y peut aller en temps. Or iamais l'imagination ne peut aller en aucun endroit de l'espace, auquel cét espace cesse de continuer; Donc l'espace & consequemment la droicte continüent tousiours. Le mesme entendement raisonne encore & conclud les quantitez si petites que leurs deux extremitez opposées sont vnies entre elles, & se sent incapable de comprendre l'vne & l'autre de ces deux especes de quantitez, sans auoir subjet de conclure que l'vne ou l'autre n'est point en la nature, non plus que les proprietez, qu'il a subjet de conclure de chacune d'elles encore qu'elles semblent impliquer, à cause qu'il ne sçauroit comprendre comment elles sont telles qu'il les conclud par ses raisonnemens.

Page 32. A propos de la Perspectiue, Ayant le deuis & la position d'vne quelconque figure; Auec le compas de proportion & la droicte y diuisée en parties égales, on fait cette figure en perspectiue plate de quelconque grandeur & position, & selon quelconque interuale, ou distance de l'œil; Mais peu d'ouuriers sçauent l'vsage du compas de proportion, & beaucoup sçauent l'vsage de la regle & du compas commun, pour copier, reduire, ou faire cette figure proportionnellement, ou comme ils parlent, au petit pied, qui est à dire, en geometral. Or il est aussi facile de la faire en perspectiue auec la regle & le compas commun que de la faire en geometral, puis qu'on la fait en perspectiue auec eschelles de mesures perspectiues en la maniere mesme qu'on la fait en geometral auec eschelle de mesures geometrales, & qu'en toute occasion, auec la regle & le compas commun on fait eschelles conuenables de mesures perspectiues aussi bien qu'eschelle conuenable de mesures geometrales, en façon qu'il n'y a qu'à s'ayder apres des eschelles de mesures perspectiues à faire cette figure en perspectiue, en la maniere mesme qu'on s'ayderoit de l'eschelle de mesures geometrales à la faire en geometral, & de la practique de ces choses il y a vn exemple imprimé dés l'année 1636.

Au fueillet de la mutuelle assistance & resistance d'entre les forces.

Page 1. Ligne 6. aisément, ce cercle ayant le centre immobile, 18. vne cause vniforme & son effet, 19. entre elles produisent deux portions: *Par aduis, Ce discours est de la figure IX.* 35. les rencontre & accroche souplement toutes comme, 48. & comme en DGL, DGM, ou.

Page 2. Ligne 15. vne de ses proprietez, 27. & que quand la route DG, de l'action de la puissance D, se trouue par exemple en F, alors vn quart de l'action de cette puissance D, se trouue, 33. routes droictes & paralelles, mais en sens contraire, 34. celle dont la route passe à F, doit estre quadruple de celle dont la route passe à Q, 39. balances, leuiers, contrepoids, 43. de la boule, & son centre sont vnis entre eux, Mais la nature du poinct qu'on nomme centre de grauité, n'est pas si nettement euidente ou expliquée pour en faire vne partie de science, qu'il ne la faille bien mieux & cognoistre & expliquer.

ATTEINTE AVX EVENEMENTS DES CONTRARIETEZ d'entre les actions des puissances ou forces. Par le S. G. D. L.

ON peut conceuoir qu'vn cercle ayant le centre immobile croist & decroist selon que son bord est forcé par l'action d'vne puissance, ou de la part du concaue, ou de la part du conuexe, mais cette pensée ne conuient point à la balance, où il ne s'agit pas de considerer comment l'action d'vne puissance peut ainsi faire croistre ou décroistre vn cercle : mais de considerer comment l'action de cette puissance peut faire mouuoir çà & là, plus ou moins aisément, vn cercle sur son centre immobile, en conceuant que cette puissance produit au plan de ce cercle son action en vn sens ou autre par vne ligne ou *Route* droicte qui rencontre le bord de ce cercle. *Noms imposez.* Route.

Quand le centre de ce cercle est en la route de l'action de cette puissance en quelque sens que la puissance produise son action, il est éuident qu'alors cette action ne fait pas mouuoir ce cercle.

Et en toute autre position du centre de ce cercle qu'en la route de l'action de cette puissance, il est éuident que cette action de cette puissance fait mouuoir ce cercle plus ou moins aisément, selon que le centre de ce cercle est plus ou moins éloigné d'estre en la route de l'action de cette puissance, & que la mesure de ce plus grand ou moindre éloignement de position de ce centre à l'égard de cette route, est la portion du rayon de ce cercle perpendiculaire à cette route contenuë entre le centre immobile de ce cercle & cette mesme route.

Auec cela quand vne cause & son effect sont finis ou terminez, chacun en son genre, que deux portions de la cause inégales entre elles produisent deux portions de son effect inégales entre elles, vne troisiéme portion de la cause inégale à chacune des autres deux, produit vne troisiéme portion de son effect inégale à chacune des autres deux, & ces trois portions de la cause sont inégales entre elles selon quelque espece de progression en laquelle toute la cause entiere est diuisible ; & ces trois portions de son effect sont inégales entre elles selon quelque espece de progression en laquelle tout l'effect de la cause entiere est diuisible ; & trois autres portions de la mesme cause inégales entre elles selon la progression des trois premieres produisent trois autres portions de son effect inégales entre elles selon la progression des trois premieres.

Maintenant quand deux puissances B, & C, produisent leurs actions chacune par vne de deux routes droictes BP, & CQ, paralelles entre elles & d'vn mesme sens l'vne que l'autre, comme de P, vers B, & de Q, vers C, qu'vne autre troisiéme puissance D, produit son action par vne troisiéme route DG, paralelle & au mesme plan des autres deux routes BP, & CQ, mais en vn sens contraire au sens des actions des puissances B, & C, c'est à dire, comme de G, vers D, ces trois actions de ces trois puissances n'ont aucune communication entre elles.

Et quand au mesme plan vne autre quatriéme droicte P, Q, tousiours perpendiculaire à chacune de ces routes, les rencontre toutes comme en P, Q, F, M, L, ces trois actions de ces trois puissances ont alors de la communication entre elles au moyen de cette quatriéme droicte, pour cela nommée icy *Ligne de communication* d'entre les actions de ces trois puissances. Ligne de communication.

Quand la route DG, de la puissance D, se trouue vnie à la route CQ, de l'action de l'vne C, des autres deux puissances B, & C, l'action alors de cette puissance D, se trouue toute appliquée à resister à la seule action de cette puissance C, sans estre aucunement appliquée à resister à l'action de l'autre des deux puissances B, & la seule action de cette puissance C, se trouue appliquée à resister à toute l'action de cette puissance D, sans que l'action de l'autre des deux puissances B, soit aucunement appliquée à resister à l'action de cette puissance D, & au contraire.

Mais quand la route de l'action de cette puissance D, se trouue desvnie à chacune des routes CQ, & BP, des actions de ces autres deux puissances B, & C, & entre les mesmes deux routes BP, CQ, & comme DGL, DGM, ou DGF, l'action alors de cette puissance D, se trouue appliquée partie à resister à l'action de la puissance C, partie à resister à l'action de la puissance B, sçauoir est également, ou bien plus ou moins à l'vne qu'à l'autre, selon que sa route DG, se trouue également ou bien plus, ou moins proche de l'vne que de l'autre des routes CQ, & BP, des actions de ces deux puissances B, & C.

18 Et chacune des actions de ces deux puissances B, & C, se trouue appliquée à resister à vne partie de l'action de cette puissance D, sçauoir également, ou bien inégalement, c'est à dire,

l'vne à vne plus grande, l'autre à vne moindre partie, selon que leurs routes CQ, & BP, se trouuent également, ou bien l'vne plus, & l'autre moins proche de la route DG, de l'action de cette puissance D.

Tellement qu'en cette construction, outre la communication des trois actions de ces trois puissances entre elles, il y a deux autres choses encore à considerer, assauoir la cause de cette égale ou inégale application des actions de ces puissances à s'entre ayder & resister, & l'espece de progression de cette égale ou inégale application des actions de ces puissances entre elles.

Touchant cette égale ou inégale application des actions de ces puissances à s'entre ayder & resister, les mesmes puissances, ny leurs actions, ny leur route, ny leur communication, separément ou conjoinctement n'en sont pas la cause ; il reste donc que la longueur par laquelle cette ligne de communication PQ, mesure les interuales égaux ou bien inégaux d'entre la route DG, de l'action de la puissance D, & chacune des routes CQ, & BP, des actions des deux puissances C, & B, en soit la cause.

Touchant l'espece de progression de cette égale ou inégale application des actions de ces puissances à s'entre ayder ou resister, vne de ces proprietez essentielles peut la faire cognoistre.

Or cette progression telle quelle soit, à cette proprieté essentielle, que la route DG, de l'action de la puissance D, allant & reuenant d'vn bout à autre sur mesmes termes au long de la ligne de communication PQ, ces inégales applications des actions de ces puissances à s'entre ayder ou resister sont reciproques d'vne part à l'autre, & les mesmes à rebours en reuenant qu'en allant.

En la nature il ne paroist qu'vn moyen d'auoir vne telle espece de progression en ces inégales applications, assauoir que la longueur de la ligne de communication QP, qui en est la cause, soit diuisée en parties égales entre elles, & que chaque action de chacune des trois puissances B, C, & nottamment de la puissance D, soit conceuë aussi diuisée en mesme nombre de parties égales entre elles que la longueur de cette ligne de communication QP, comme icy en quatre parties égales PF, FM, ML, & LQ.

Et que quand la route DG, se trouue par exemple en F, alors vn quart de son action se trouue appliqué à resister à l'action de la puissance C, & ses autres trois quarts se trouuent appliquez à resister à l'action de la puissance B, & que le rebours auienne quand cette route DG, se trouue en L.

Où l'on void que si le poinct P, est le centre immobile d'vn cercle dont PQ, soit le rayon, afin que ce rayon PQ, demeure immobile entre les contraires actions de deux puissances qui produisent leurs actions par deux routes droictes en sens contraire entre elles, dont l'vne soit en F, l'autre en Q, celle dont la route est en F, doit estre quadruple de celle dont la route est en Q, puis que de chaque fois qu'elle luy est égale vne quatriéme partie seulement de son action s'applique à resister à l'action de la puissance C, & les trois quarts s'appliquent à resister à l'action de la puissance B, c'est à dire, s'appliquent au poinct immobile P.

Le surplus des consequences qu'on peut déduire de cette pensée pour toutes especes de balances, lemmieres, contre-poids, machines, mouuemens, plans inclinez, & autres, est éuident, & que de là suit que si les graues de ce monde tendent au centre de la terre, le centre de grauité d'vne boule permanente en vne position est en la diametrale commune à la terre, & à la boule au poinct couplé au centre de la terre en inuolution auec les deux poincts qu'y donne la surface de la boule, & s'ils tendent à vn but à distance infinie, le centre de grauité de la boule est à son centre, sont vnis entre eux.

L. S. D.

www.ingramcontent.com/pod-product-compliance
Ingram Content Group UK Ltd.
Pitfield, Milton Keynes, MK11 3LW, UK
UKHW012120240726
13965UKWH00005B/1869

9 782012 784970